变压器绕组荧光光纤测温技术及应用

高树国　主　编

曾四鸣　乔　辉　副主编

中国电力出版社

CHINA ELECTRIC POWER PRESS

内 容 简 介

本书介绍了变压器内部温度测量方法和光纤温度传感器分类，荧光光纤温度传感器的发展历程，荧光光纤测温的基本概念和基本理论，荧光光纤寿命的计算方法和影响荧光光纤温度传感的主要因素，荧光光纤测温系统的基本构成、工作原理、各组成部件的材料选择和设计原则，绝缘材料在变压器油中的老化机理，光纤传感器在变压器内部稳定性分析，光纤护套对变压器油热老化特性的影响，荧光光纤温度传感器在变压器内部的布置方式、安装固定方法和荧光光纤测温技术在变压器及其他电力设备中的应用。

本书可供从事光电测量、温度检测以及变压器运行、试验等方面的科研人员和工程技术人员阅读。

图书在版编目（CIP）数据

变压器绕组荧光光纤测温技术及应用/高树国主编. —北京：中国电力出版社，2021.3
ISBN 978-7-5198-4645-9

Ⅰ．①变… Ⅱ．①高… Ⅲ．①变压器－绕组－荧光－光导纤维－温度测量－测量技术
Ⅳ．①TM403.2

中国版本图书馆 CIP 数据核字（2020）第 075210 号

出版发行：中国电力出版社
地　　址：北京市东城区北京站西街 19 号（邮政编码 100005）
网　　址：http://www.cepp.sgcc.com.cn
责任编辑：陈　倩　付静柔
责任校对：黄　蓓　李　楠
装帧设计：张俊霞　郝晓燕
责任印制：石　雷

印　　刷：三河市万龙印装有限公司
版　　次：2021 年 3 月第一版
印　　次：2021 年 3 月北京第一次印刷
开　　本：710 毫米×1000 毫米　16 开本
印　　张：12.75
字　　数：223 千字
印　　数：0001—1000 册
定　　价：55.00 元

前　　言

　　变压器是电网的核心设备之一，其能否长期安全运行直接影响着供电的安全性和可靠性。变压器绕组温度对绝缘材料的温度和老化起决定作用，变压器的运行寿命也主要取决于它的绕组温度。同时，绕组过热会导致绝缘老化、烧毁、击穿等事故，因此，变压器绕组温度的测量对于保障变压器运行安全和经济性显得尤为重要。

　　变压器内部的绝缘要求较高，发热部位不能使用常用的热电偶测温元件进行直接测量，而监测整体的变压器油温无法准确判断热点的位置和温度，存在不准确、不及时、不直观的缺点。变压器内部绕组等热点温度测量的新技术与新趋势是使用光纤温度传感器进行测量。随着我国智能电网建设的快速推进，光纤绕组测温作为在线监测的重要组成部分已列入 GB/T 1094.2—2013《电力变压器　第 2 部分：液浸式变压器的温升》和 GB/T 1094.7—2008《电力变压器　第 7 部分：油浸式电力变压器负载导则》，提出采用光纤温度传感器进行绕组热点温度的直接测量。因此，积极研究荧光光纤传感器特性，推进基于光纤传感技术的变压器绕组热点温度的测量方法，研制变压器绕组荧光光纤测温装置样机，并进行产业化示范应用与推广，对于提前发现设备内部存在的安全隐患，避免故障停电造成的重大损失，有效延长变压器的使用寿命具有重要价值和意义，并且具有广阔市场应用价值和前景。

　　本书总结了采用荧光光纤对变压器绕组进行测温和在线监测的研究工作，全书共分为 5 章，内容涉及变压器内部温度测量技术概述、荧光光纤测温原理、荧光光纤测温系统、荧光光纤测温系统材料的绝缘和老化特性、荧光光纤测温传感器安装与应用。

　　由于水平和条件有限，书中难免存在不妥和错误之处，恳请读者和同仁们多多批评指正。

编　者

2021 年 1 月

目　　录

第1章 变压器内部温度测量技术概述

1.1 概述

随着我国对电力能源的需求越来越大，电力系统的可靠性问题显得愈发重要。电力变压器是电力系统中最重要、最昂贵的设备之一，它的可靠性直接关系到电网是否能安全、高效、经济地运行。在电力系统向超高压、大电网、大容量、自动化方向发展的同时，变压器故障对电力系统安全运行的影响与危害也就与日俱增。减少变压器故障，则意味着提高电网的经济效益。由于变压器长期连续在电网中运行，不可避免地会发生各种故障和事故，对这些故障和事故的起因进行分析和监测是变压器设计、运行维护人员一直关注的热点问题。

变压器运行时有空载损耗和负载损耗产生，这些损耗由变压器绕组、铁芯和金属结构件产生。损耗转化成热量后，一部分用来提高绕组、铁芯及结构件本身的温度，另一部分热量向周围介质（如绝缘物、变压器油等）散出，使发热体周围介质的温度逐渐升高，再通过油箱和冷却装置对环境空气散热。变压器产生的热会对运行可靠性产生一系列的影响。

GB/T 1094.7—2008《电力变压器 第7部分：油浸式电力变压器负载导则》中明确指出："绕组最热区域内达到的温度，是变压器负载值的最主要限制因素，故应尽一切努力来准确地确定这一温度值"。国内一些变压器专家也认为"不仅绕组的平均温升不能超过允许值，绕组的热点温升也不能超过允许值"，因此，有专家提出"在工厂的温升试验中，除测量额定工况下的绕组平均温升外，有必要测量绕组的热点温升"。

变压器过热故障是常见的多发性故障，它对变压器的安全运行和使用寿命带来严重威胁。长期研究表明，大型变压器的运行可靠性在很大程度上取决于其绝缘状态。大部分变压器的寿命终结是因为其丧失了应有的绝缘能力，而影响绝缘能力的最主要因素是变压器运行时的绕组温度。变压器绕组最热点的绝缘会因为过热而老化。若绕组最热点的温度过低，则变压器的能力就没有得到充分利用，降低了经济效益。当变压器投入运行后，首先遭到破坏的是绝缘材料，特别是绝缘纸。所以变压器使用寿命常常取决于承受最高温度处绝缘材料的寿命。变压器的温升限值以变压器的使用寿命（主要是绝缘材料的寿命）为基础。在相关的国家标准中对变压器在不同的负载运行情况下的温升限值或热点温度做了相应的规定。GB 1094.2—2013《电力变压器　第2部分：液浸式变压器的温升》规定了电力变压器的温升限值根据不同的负载情况而定。在连续额定容量下的温升限值见表1-1，GB 1094.2—2013同时还指出铁芯、绕组外部的电气连接线或油箱中的结构件，不规定温升限值，但仍要求温升不能过高，通常不超过80K，以免使与其相邻的部件受到热损坏或使油过度老化。

表1-1　　　　　　　油浸式电力变压器在连续额定容量下的温升限值

部　　位		温升限制（K）
顶层油温升	油不与大气直接接触的变压器	60
	油与大气直接接触的变压器	55
绕组平均温升		65

油浸式电力变压器一般采用A级绝缘材料，在额定运行状态下，它的长期工作最高温度为105℃；在周期性负载或超过铭牌额定值的负载情况下，绕组的最热点温度不超过140℃。变压器绝缘的热老化与绕组的热点温度有关，GB/T 1094.7—2008规定了油浸式变压器绕组的热点温度基准值是98℃（对应环境温度20℃），在此温度下绝缘的相对老化率为1。在80~140℃范围内，温度每增加6℃，其老化率增加一倍，即6度法则。由此可定义相对热老化率V计算公式为

$$V = 2^{(\theta-98)/6}$$ （1-1）

式中　θ——变压器不同负载运行下的热点温度，℃。

油浸式变压器相对热老化率与热点温度的关系见表1-2，由表1-2可以清楚地看出，变压器在140℃下运行1h，其热老化率相当于98℃下运行128h。当绕组热点温度超过140℃时，将危及变压器的正常运行。因此对变压器绕组热点温度的在线监测对保证变压器的安全运行具有重要意义。

除了变压器绕组过热故障危急绝缘外，变压器内部如铁芯、油箱、夹件、拉板、无载分接开关、连接螺栓及引线等部件同样也会引起变压器局部过热，造成变压器内部过热故障，损害绝缘性能。所以除了对绕组进行温度测量之外，变压器内部其他容易引起过热故障的部件也不能忽视。此外，通过测量运行变压器的各种在线热特性参数，可得到变压器冷却系统的状态，及时发现冷却系统故障，能够预防大的热故障发生。通过温度预测，智能控制变压器的冷却方

式，减少变压器在产生油温波动时冷却系统频起频停而可能造成的故障。而且在变压器的设计方面，由于变压器绕组热分布不均，设计时必须满足最高点温升不能超过一定限度，而其他位置又尚有裕度，这就大大限制了导线中电流密度的选取和材料的选择。如果我们较准确地计算线圈温度分布，针对最高温度适当调节发热分布，降低最高温升，将为变压器制造带来一定的经济效益。

表 1-2　　　　　　　　油浸式变压器相对热老化率和热点温度的关系

热点温度（℃）	相对热老化率	热点温度（℃）	相对热老化率
80	0.125	116	8.0
86	0.25	122	16.0
92	0.5	128	32.0
98	1.0	134	64.0
104	2.0	140	128.0
110	4.0		

　　由于变压器中微波和电磁干扰的影响，传统的测温方法难于或根本无法得到真实的测试结果。实际上，对现场运行的变压器一般都只监测变压器的顶层油温，并通过顶层油温间接估算绕组热点温度，但是目前使用的 IEEE Std C57.91—2011《矿物油浸式变压器的加载指南》和相应的 GB/T 1094.7—2008 推荐变压器绕组热点温度计算的经验模型在计算时误差较大，尤其是大容量变压器顶层油温明显滞后于绕组油温，当变压器负荷快速增加时，由于热传递响应速度的原因，变压器顶层油温需经过一段时延才能反映出绕组的工况变化，这种情况下此方法很难反映绕组及匝间油道温度的快速变化，对变压器的允许过载及运行寿命评估几乎没有实际意义。

　　对变压器温度的直接检测不能采用常规的电传感器温度测量系统，而红外光学测温系统只能用于物体表面温度的测量，对结构复杂的变压器内部温度无法进行测量。随着光电子技术的高速发展，光纤传感器的诞生为变压器绕组温度测量提供了一种新的技术手段。相较于传统的电信号测量传感器，光纤传感器具有体积小、抗腐蚀抗电磁干扰、耐高温、耐高压等诸多优势，能有效并实时地监测电力变压器内部绕组温度，对保证变压器安全运行至关重要。国家电网有限公司在最新制定的《油浸式电力变压器智能化通用技术规范》中明确定义了智能电力变压器所需内部智能电子装置（IED），光纤绕组测温装置作为最重要的三个智能组件中的一个组成部分，能够智能、准确监测设备的运行温度，使变压器的工作温度维持在最佳状态下，从而延长设备工作寿命，减少故障发生概率，同时调整变压器运行时承载的最大负荷状态，对于提高变压器运行的经济效益和社会效益具有重要意义。若采用光纤传感技术能实现对上述大型电力设备内部温度的测量，将对高压电气设备运行状态的监测产生深远影响。

1.2 国家标准中油浸式电力变压器绕组热点温度计算模型

在 GB 1094.2—2013 中，给出了油浸式变压器绕组内部温度分布的数学模型。油浸式变压器绕组的温度模型如图 1-1 所示，冷却油流入绕组底部，并且具有"底部油温度"，底部油向上流经绕组，并假设其温度随绕组高度呈线性上升，绕组损耗产生的热量从绕组表面向油传递，热量的传递要求绕组本身与绕组周围油之间存在温度差（假设在所有不同高度处的温差均相同），所以，绕组温度分布线呈两条平行直线。

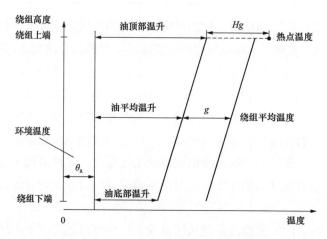

图 1-1　油浸式变压器绕组的温度模型

假定在图 1-1 中取热点温度为 98℃，环境温度为 20℃，绕组平均温升为 65K，并且：

（1）绕组内的油温，从底部到顶部，不论其冷却方式如何，均按线性增加。

（2）绕组沿高度方向的温升，从底部到顶部按线性增加。此绕组的温升直线与油的温升直线平行，两平行线之间的差值为常数 g（g 为用电阻法测出的绕组平均温升和油平均温升的差值）。

（3）热点温升比绕组顶部的平均温升高，因为靠近绕组的上端部位，涡流损耗往往比较集中，并可能还要特殊加强电气绝缘，从而增加了隔热程度，因此，该部位的导体与油之间的温差较高。假定热点温升比油顶部温升高 Hg，其中热点因数 $H=1.1\sim1.5$，H 和变压器的容量大小、短路阻抗和绕组的结构有关，配电变压器取 1.1，大中型变压器取 1.3。热点因数 H 的设定是考虑由于漏磁影响使绕组端部温升比线性增加还要高一点。

在图 1-1 中对配电变压器取环境温度 $\theta_a=20℃$，油平均温升为 44K，绕组对油平均温升 $g=21K$，油顶部相对底部温升 22K，取热点因数 $H=1.1$，则有绕组平均温升为油平均温升与 g 的和，即 44K+21K=65K，热点温升为油平均温升与 Hg、$\frac{1}{2}$ 倍油顶部对底部温升，即 44K+1.1×21K+22/2K=78.1K≈78K。

环境温度 $\theta_a=20℃$ 时，热点温度是 78℃+20℃=98℃。

由以上模型分析以及计算实例可以看出，国家标准中的绕组热点温度计算模型能够基本反映真实的变压器热传导过程。但是模型对变压器绕组热点温度的计算仅仅是简单估算，模型比较粗糙，其对于变压器的非线性特征反应不足，在热路中没有涵盖影响变压器绕组热点温度分布的全部重要因素，同时计算公式中一些计算参数由经验得出，热点系数的选取有一定的随机性，通用性不强，引起计算结果精度不足，应用到实际运行变压器的热点估算中时会导致与实际情况误差较大。

1.3　变压器绕组温度测量方法

国内外对于电气设备状态监测的研究已有四十余年，得益于计算机网络通信技术及传感器技术的快速发展和广泛应用，电气设备在线监测技术发展迅猛。随着电力行业的发展，特别是超/特高压的不断发展，电网对变压器安全、稳定运行的要求也越来越高，智能电网逐渐成为国内外未来电网的发展趋势，国家电网有限公司也提出了构建统一坚强的具有中国特色智能电网的要求，因此变压器在线监测技术研究成为建设智能电网的重要内容。

根据以往统计结果可知，大部分变压器发生故障或者出现异常状态，都是由于其绝缘能力的下降。变压器绕组温度过高会导致该点绝缘严重破坏，从而影响设备的机械强度和电气强度，减少设备使用寿命；温度过低会导致变压器负载效率低下，不具有经济效益。因此，研究变压器内部发热机理和热传递过程，建立内部温度场模型和热故障阈值条件，并以此设计变压器内部温度在线检测系统具有十分重要的意义。

自 20 世纪 60 年代以来，国内外学者已对变压器内部热场开展了一些研究，主要采用温度间接计算法和温度直接测量法测得了变压器内部部分温度参数值，并制定了一些相应的标准和准则（如油浸式变压器负载导则等），规定内部主要部件安全工作温度以及温升限值。现有的 220kV 及以上高压油浸变压器内部绕组"热点"温度测量方法主要包括：热模拟测量法、间接计算测量法及直接测量法。

1. 热模拟测量法

由于变压器本身带电，因此采用传统电学传感器直接测量绕组温度不能很好地解决其绝缘问题。特别是对于超高压、特高压等级的绕组，利用电学传感器对绕组进行直接测量存在一定的安全隐患。热模拟测量法的工作原理如图 1-2 所示，从图中可以看出，温度指示仪表显示的温度值一部分来源于变压器内油层温度直接测量值，另一部分来源于变压器工作时负载电流经由电阻发热元件产生的一部分热量，共同改变指示仪的示数。其中，电阻发热元件是最重要的部件，因为最后温度测量结果是否准确是由其发热特性的优劣来决定的，电阻发热元件的发热特性与变压器绕组温度越接近，测量结果越准确。可见，基于热模拟测量法的绕组温度计是把变压器顶部油的温度及工作时电流反映的温度综合后，获得一个能够反映绕组温度的模拟值，但这个模拟值并不是绕组真实温度的测量值，虽然避免了直接测量电绝缘问题，但是测量结果并不准确。

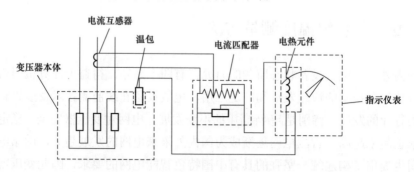

图 1-2　热模拟测量法测量变压器绕组温度工作原理图

2. 间接计算测量法

间接计算法是依据假定的变压器热学模型，结合国内外运行参数和经验，通过计算绕组温度升高变化来获得绕组的"热点温度"。间接计算法中应用最为广泛的是 IEEE Std C57.91 和 IEC 354《油浸式变压器负载导则》中推荐的热点温度计算模型。在这两个模型中，热点温度由环境温度，顶油或底油温度以及绕组热点对油的温差来计算得到。在预测方程中，针对不同负载情况采用不同的负载系数进行修正，对于不同的冷却方式则采用相应的绕组指数和油指数进行修正。基于这两个预测模型又有人提出了许多改进的热点温度模型，这类模型是基于以上两标准中推荐的热点温度模型进行的改进。IEC 60076-2—2011《电力变压器　第 2 部分：液浸式变压器的温升》和 GB/T 1094.7—2008 中均给出了绕组热点温升计算公式。不同冷却方式计算公式如下：

自然冷却为

$$\theta_h = \theta_a + \Delta\theta_{or}[(1+RK^2)/(1+R)]^x + H_{gr}K^y \tag{1-2}$$

强油冷却为

$$\theta_h = \theta_a + \Delta\theta_{br}[(1+RK^2)/(1+R)]^x + 2(\Delta\theta_{imr} - \Delta\theta_{br})K^y + H_{gr}K^y \tag{1-3}$$

式中　　θ_h——热点温度，℃；

θ_a——环境温度，℃；

$\Delta\theta_{or}$——额定负荷下顶部温升，K；

$\Delta\theta_{br}$——额定负荷下底部温升，K；

$\Delta\theta_{imr}$——额定负荷下油平均温升，K；

H_{gr}——热点对绕组顶部的温升，K；

K——负载系数；

x——油温指数；

y——绕组温度指数；

R——额定负载下负载损耗与空载损耗之比。

间接计算法可近似计算变压器绕组热点温度，能够基本反映真实的热传导过程。但是对于变压器的非线性特征反应不足，在热路中没有涵盖影响变压器绕组热点温度分布的全部重要因素，同时这种方法计算复杂，计算公式中很多计算参数由经验得出，通用性不强，引起计算结果精度不足。且热模型法只能求解热点温度值，不能得到热点的具体位置，并且不容易被现场监测技术人员掌握，所以通用性很差，无法在变压器运行现场采用。

3. 数值计算法

在变压器内部温度分析领域，数值计算方法是根据流体力学和能量守恒原理，分析变压器内部能量产生及其与内部主要部件之间对流的过程，建立基于能量转移微分方程的变压器绕组温度的计算模型，实现变压器内部绕组温度的数值计算，其求解过程比较复杂且所需参数较多。2003 年 M. K. Pradhan 等人建立了变压器绕组温度估算模型，变压器绕组温度估算时还需获取变压器电气参数和实际设计参数等数据量；国内康雅华等人利用有限元分析软件（Ansys）模拟分析了变压器内部温度场和磁场，建立了三维的变压器分析模型，得到了变压器绕组及其他部件的温度分布情况。目前数值计算法是变压器温度间接测量的热点方法之一，结合变压器内部的实际情况，利用有限元分析等方法，可建立符合实际情况的变压器内部温度分布模型。

4. 直接测量法

直接测量法是在变压器内部主要部件（绕组、铁芯和绝缘油等）等待测点附近预埋温度传感器，或利用手持红外温度测量仪直接测量绕组的热点温度。传感器有声频、结晶石英、荧光、红外辐射激发式、镓砷化合物晶粒光致发光传感器等多种形式。埋入方法有多点埋入、穿越流道间隙及只埋在线饼间隙流道出口处等。其中以光纤传感器的研究与使用最多，光纤传感器直接测量法结构示意图如图 1-3 所示。由于光纤温度传感器自身具备良好的绝缘、耐高压、抗电磁干扰的特性，可在变压器内部恶劣的工作条件下实现对绕组"热点"温度安全、实时、精确的测量，为电力系统提供直接、动态、真实的监控信息。

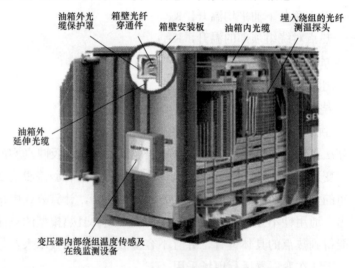

图 1-3　光纤传感器直接测量法结构示意图

直接测量结果最准确，但绕组内埋设传感器对绝缘结构设计要求较高，容易影响变压器正常运行；由于绕组热点位置不确定，传感器埋设处不一定是最热点，测量结果可能并非绕组的热点温度。为避免这种情况，一般采取的方法是在绕组热点的附近区域，安装多个温度传感器，通过测量多个位置的温度来近似得到绕组的热点温度。

长期以来，变压器制造商、电力公司和研究机构都希望直接测量而不是通过顶层油温度来推断绕组热点温度，光纤测量热点温度正解决了这一问题。光纤探头能直接、准确、实时地测量绕组热点温度，这就使变压器在瞬时过载时能安全地渡过过载状态，因此能提供一个动态而可靠的有价值管理工具，实时准确地掌握变压器绕组温度能使变压器承受 5%～20%额外负载而不损坏变压器的绝缘。

热模拟测量法和间接计算测量法两种方法虽方便、经济，但结构复杂、反应速度慢、实时性差，且测量误差较大，测量结果不能准确反映变压器运行状态，因此，采用光纤测温技术将成为绕组测温技术的发展方向。

1.4　可用于变压器内部温度监测的光纤传感技术

变压器内部属于高电压、强电磁场环境，若采用常规的电信号传感器来测量变压器内部的温度，特别是绕组的热点温度，将难以满足要求。光纤传感技术相比传统的电信号传感技术有无法比拟的优势，尤其是对于电力变压器内部的复杂电磁环境而言。自 1970 年第一次成功地研制出传输损耗为 20dB/km 的石英质玻璃光波导以来，光纤传感技术就在传感技术领域便得到了迅速的发展。

目前光纤传感技术种类很多，根据被外界信号调制的光波的物理特征参量的变化情况，可以将光波的调制分为光强度调制、光频率调制、光波长调制、光相位调制和偏振调制等五种类型。这些类型的光纤传感技术各有优缺点，传感器的形式种类繁多，下面介绍可用于电力变压器内部温度测量的光纤传感器原理与测试系统发展现状。

1.4.1　半导体光纤温度传感技术

半导体吸收式光纤温度传感器是一种传光型光纤温度传感器，即在光纤传感系统中，光纤仅作为光波的传输通路，而利用其他的如光学式或机械式的敏感元件来感受被测温度的变化。这种类型的传感器一方面可以应用数值孔径和芯径大的阶跃型多模光纤，从而比传感型的光纤传感器易于实现，成本较低；另一方面，由于它利用光纤来传输信号，因此它也具有光纤传感器的电绝缘、抗电磁干扰和安全防爆等优点，适用于传统传感器不能胜任的测量场所。

半导体式温度传感器是 20 世纪 80 年代兴起的研究最早的传光型光纤传感器之一，其中以日本的研究最为广泛。在 1981 年，Kazuo Kyuma 等 4 人在日本三菱电机中心实验室，首次研制成功采用砷化镓（GaAs）和锑化镉（CdTe）半导体材料的吸收型光纤温度传感器。20 世纪 90 年代前后，又出现了以硅材料（如单晶硅）为温度敏感材料的半导体式光纤温度传感器。国内对半导体吸收型光纤温度传感器的研究起步较晚，兴起于 20 世纪 90 年代后期，研究工作主要集中在一些高等院校。他们对 GaAs 和 CdTe 等直接带隙半导体材料的吸收型光纤温度传感器的探头、特性和系统结构进行了大量的研究，但与国外在该领域的研究水平仍有较大差距。

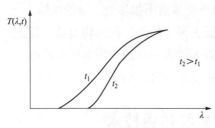

图 1-4　透过率与温度和波长的关系

温敏元件采用半导体材料（如 GaAs）制成，其光谱透过率 $T(\lambda, t)$ 为温度和波长的函数。透过率与温度和波长的关系如图 1-4 所示。

当光源的光强和光谱分布一定时，随着温度升高，半导体材料透过率曲线向长波移动。这样光电探测器收到的光强度减弱，由光信号的变化即可测得温度。光强与温度的关系为

$$I(t) = I_0(1-R)\mathrm{e}^{-a_0[h\nu - Eg(0) + \gamma t^2/(1+\beta)]^{1/2}l} \tag{1-4}$$

式中　I_0 ——入射光强；

　　　R ——半导体材料入射面的反射率；

a_0，β，γ ——与半导体材料相关的常数；

　$Eg(0)$ ——温度为 0K 时的禁带宽度能量；

　　　t ——温度；

　　　l ——半导体材料厚度。

光纤传感器主要由光源、调制器、传输光纤及光探测器等部分组成，其基本原理是首先将光源的光经光纤送入调制器，在调制器内，外界被测参数与进入调制器的光相互作用，使其光学性质如光的强度、波长、频率、相位等发生变化成为被调制的信号光，再经光纤送入光探测器，并把光信号转换成电信号而获得被测参数，半导体光纤传感器原理图如图 1-5 所示。

图 1-5　半导体光纤传感器原理图

半导体光纤温度测量系统如图 1-6 所示，光经过分束器，分为两路，一路经过半导体探头，另一路作为参考通道。光信号通过光探测器转换为电信号，然后

经过滤波放大送入除法器，得到的比值信号进行模数转换，最后送入 CPU。用比值法的好处是可以消除光强变化对系统的干扰。其中，光源及探测器的谱宽越宽，测温范围越广。其中，光源及探测器的谱宽越宽，测温范围越广。传感器使用半导体材料作为温度敏感元件，并用反射式传感结构，使其具有结构简单、容易使用、响应速度快的特点，同时利用比值法也减少了光强的变化及光纤连接损耗对传感器信号的影响。

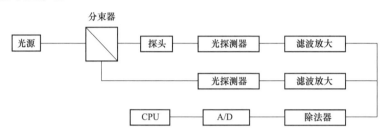

图 1-6　半导体吸收式双波长补偿法测温系统结构

该传感器可用于高压、高电磁干扰的电力系统设备及线路的温度测量，也可用于工业生产过程的监视和控制，因此有很广泛的应用价值。国外研究人员已尝试利用半导体吸收式光纤温度传感器实现对大型电力设备的温度状况进行检测，而且取得了较好的效果。国内有学者用砷化镓半导体晶片做敏感元件，用发光二极管做光源，光电二极管作为光电转换元件，构成了半导体吸收式光纤温度传感器并对其进行了研究。这种传感器结构比较简单，成本低廉且便于制作，其主要缺点是这种技术对光强度的改变比较敏感，测量前需要对光强与温度的对应关系先进行标定。因为光强度不仅与检测的温度有关，其还与光源强度的起伏、光纤微弯效应引起的随机起伏、耦合损耗、光探测器性能等因素有关，所以其受干扰的情况也比较严重，同时在特殊环境还需要现场标定，带来施工的烦琐。此外，半导体吸收测温属于功率型测温，其受发光管寿命与老化衰减等特性影响，长期工作可靠性差。

1.4.2　干涉式光纤温度传感技术

当干涉式光纤传感器受到外界扰动时，光纤内传输的光波相位会发生变化，外界环境信息可通过光波相位的变化来表征。干涉式光纤传感器具有响应速度快、灵敏度高等优点，并且具有很好的灵活性，可根据应用环境选择不同的干涉结构。典型光纤干涉仪主要分为 3 种，即马赫—曾德尔干涉仪、迈克尔逊干涉仪和法布里—珀罗干涉仪。

1. 马赫—曾德尔干涉仪

马赫—曾德尔干涉仪主要由传感臂和参考臂两部分组成，外部参量只施加于传感臂，而参考臂只用作光信号传输。两臂在几乎相等的情况下，由两根光纤输出的相干光发生干涉，形成明暗相间的一组条纹，当一条光纤臂的温度相对另一条光纤臂发生变化时，两条光纤中传输光的相位差发生变化，结果使干涉条纹发生移动，相位每变化一个2π时就移过一个条纹。从光纤中输出光的相位的变化，可由光纤长度尺寸的变化或光纤折射率的变化引起，而光纤长度或折射率的变化都可以由外界温度变化得到，由此可得出结论，只要测得干涉条纹的移动个数就可以推出光纤两臂间的温度差的变化值。

马赫—曾德尔干涉仪的工作原理如图 1-7 所示。设两臂光纤的长度分别为 L_1 和 L_2，光在光纤中的传播常数为 β，纤芯的折射率为 n，光在真空中的传播常数为 k，经过这段光纤传输后，两根光纤输出光的相位差为

$$\Delta\phi = \beta_1 L_1 - \beta_2 L_2 \tag{1-5}$$

式中，$\beta \approx kn = 2\pi n / \lambda$，此处忽略了温度对光纤芯径产生的影响。

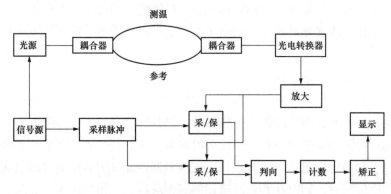

图 1-7　马赫—曾德尔干涉结构示意图

当光纤其中一臂受温度的影响发生变化后，光输出相位差发生变化，为

$$\partial\phi = tL\beta\frac{\mathrm{d}l}{\mathrm{d}t} + tL\frac{\mathrm{d}\beta}{\mathrm{d}t} \approx tLk\left(n\frac{\mathrm{d}l}{\mathrm{d}t} + \frac{\mathrm{d}n}{\mathrm{d}t}\right) \tag{1-6}$$

式中　$\dfrac{\mathrm{d}l}{\mathrm{d}t}$——入射光强；

　　　$\dfrac{\mathrm{d}\beta}{\mathrm{d}t}$——半导体材料入射面的反射率。

上式中第一项表示温度变化引起长度变化而导致的相位变化，第二项表示温度变化引起的折射率的变化而导致的相位变化。一般 1m 长光纤当温度升高 10℃

时将移过大约 10 个条纹，因此为了提高其灵敏度一般可以把光纤加长。

目前，光纤马赫—曾德干涉仪在光纤传感技术领域中的应用越来越受到研究工作者的关注。为了减小光纤干涉仪尺寸和简化制作过程，人们将探测臂和参考臂制作在同一根光纤上，这样有利于传感器的集成和提高传感器的空间分辨率。该类光纤马赫—曾德尔干涉仪可以利用烧蚀、化学腐蚀、熔接或者拉锥的方法改变光纤局部结构，引起纤芯模式和包层模式之间的耦合，而后两个模式发生干涉。

2. 迈克尔逊干涉仪

光纤迈克尔逊干涉仪可被看成是马赫—曾德尔干涉仪的简化形式，将通常的直线型马赫—曾德尔干涉仪一分为二，以光纤端面的反射光再次返回分光器进行合束，即构成了迈克尔逊干涉仪结构。一般光纤端面由于菲涅尔反射原理能够提供约 3% 的反射率，提升反射率的方法主要是在光纤端面镀反射膜。与马赫—曾德尔干涉仪最主要的区别在于基于光纤迈克尔逊干涉仪的传感器的输入与输出处于同一端口，这样的结构使其更容易被制作成探针状，在某些应用场合可使传感器的整体复杂性得到大大简化。光纤迈克尔逊干涉仪的结构如图 1-8 所示，光源发出的光经耦合器分为两路，其中一路作为参考光路，当光到达反射镜时，被反射镜反射并沿着原来的路径返回；另一路则作为传感光路，同样会被反射镜反射并沿着原来的路径返回；最终，当外部扰动作用于传感臂时，传感臂与参考臂中传输的光信号之间会产生一定的光程差，然后两束光通过耦合器合并形成干涉，利用光电探测器收集干涉信号，并通过分析干涉信号推断外界参量的变化。由于迈克尔逊干涉仪属于反射式探测模式，更适用于侵入式传感，因此光纤迈克尔逊干涉仪更有利于实现侵入式探测，已经被广泛使用于光纤传感技术领域。

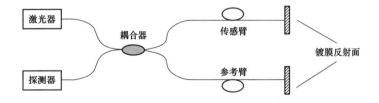

图 1-8　迈克尔逊干涉仪结构示意图

3. 法布里—珀罗干涉仪

法布里—珀罗光纤温度传感器的结构如图 1-9 所示，主要由一个光纤干涉腔构成，当入射光信号入射到光纤法布里—珀罗谐振腔内时，一部分入射光被谐振腔的前端面反射；而入射到谐振腔内的光波在后端面发生菲涅尔反射，并耦合到入射光纤，最终与前端面反射的光发生干涉，干涉信号经光纤耦合器送达光电探测器。光纤法布里—珀罗干涉仪中，发生干涉的两束光之间的光程差由两个反射端面之间的距离和谐振腔内介质的折射率所决定，当外界扰动作用于法布里—珀罗干涉仪时，会改变腔内介质有效折射率或者谐振腔的长度，两束光之间的光程差会发生改变，通过对干涉信号的分析，最终推算出外界待测量的变化。

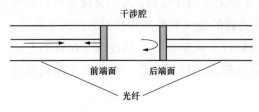

干涉腔

前端面　　后端面

光纤

图1-9　法布里—珀罗干涉结构示意图

　　常见的光纤法布里—珀罗干涉传感器可分为本征型（Intrinsic Fabry-Perot Interferometer，IFPI）和非本征型（Extrinsic Fabry-Perot Interferometer，EFPI）两类。IFPI 中光纤除起到传光作用外，还充当干涉腔。通常是通过某种方式在单根光纤上依次制作两个反射端面形成干涉腔，如端面镀膜熔接法、紫外曝光法和熔接法等。由于干涉腔中光波在纤芯中传输，腔长不受衍射的限制，所以可以做得比较长，使 IFPI 传感器对温度的探测灵敏性很高，但也使其在测量温度以外的其他参量时容易受温度的交叉影响。EFPI 传感器中光纤仅起到传光作用，干涉腔则由一段空气或其他非光纤的固体介质充当。毛细管式制作法是最为典型的一种制作方式，即通过将两根端面平行且有一定间距的光纤固定于一段毛细管内，由光纤的两个垂直端面和中间空气腔构成 F-P（Fabry-Perot）干涉腔。由于 EFPI 腔内的光是在空气中传播，散射导致损耗较大，因此腔长必须做的比较短，最长也只能到几百微米。但是空气的热光系数低，这使传感器可以克服温度与其他参量的交叉敏感问题。但是这种传感器由于光纤直径与毛细管直径不匹配而易产生应力集中现象，大大降低了器件的机械性能和稳定性。另外，非本征型在使用前都需要进行标定，限制了其在实际中的应用。干涉型光纤温度传感器响应速度快、灵敏度高、抗电磁干扰、可应对复杂恶劣环境等优点，但制作工艺繁杂，对光纤以及光源稳定性要求极高，信号解调复杂实现难度较大，使得其在实际制作过程中有一定难度，因此成本也相对较高。

1.4.3　折射式光纤温度传感技术

　　折射式光纤温度传感器的原理是将光纤中一小段包层去掉，代之以温敏材料，温敏材料的折射率随温度变化。温度变化引起温敏区折射率变化，导致光纤传输光强发生变化。温敏材料折射率 n 要与光纤折射率匹配，即应在纤芯折射率 n_1 与包层折射率 n_2 之间变化，满足 $n_2 < n(t) < n_1$。通常变折射率光纤温度传感器选用液体作为温敏介质，可用两种液体混在一起的办法实现折射率匹配。

折射率光纤温度传感器系统工作原理示意图如图 1-10 所示，调制电路产生一个方波，对发光二极管进行调制。两路光纤耦合到同一个发光二极管中，一路作为参考通道，另一路通过光纤传感探头，作为信号通道。两路光信号通过各自的 PIN 管将光信号转换成电信号，并经 I/V 变换电路连接到同一电子开关，交替接通信号通道和参考通道，两路信号先后进行放大、滤波和同步相关放大，最终变成一个平稳的直流信号输送给单片机。单片机依据接收的信号进行运算处理，然后转换成温度值。该系统的稳定性主要受光纤温度探头、PIN 管和 I/V 变换电路的影响。因此两路的管和变换电路的元器件应尽可能特性一致、稳定性好，以提高系统的精度。

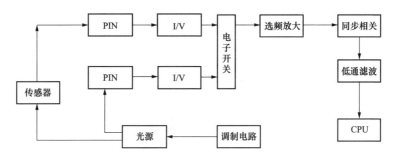

图 1-10　折射式光纤温度传感系统工作原理示意图

1.4.4　光纤光栅温度传感技术

光纤光栅温度传感器是通过相位掩模板制造技术，使光纤经过激光照射形成光波长反射的器件。一定带宽的光与光纤光栅场发生作用，光纤光栅反射回特定中心波长的窄带光，并沿原传输光纤返回；其余宽带光沿光纤继续传输。反射的中心波长随作用于光纤光栅的温度变化而线性变化，从而使光纤光栅成为性能优异的温度测量元件。通过测量光纤光栅反射的中心波长，即可测量出光纤光栅温度传感器测量点相应的温度值。其测温原理示意图如图 1-11 所示。

根据光纤耦合理论，当宽带光在光纤布喇格光栅中传输时，产生模式耦合，满足布喇格条件的波长光被反射，于是有

$$\lambda_B = 2 n_{\text{eff}} \Lambda \tag{1-7}$$

式中 Λ——光纤栅格周期；

n_{eff}——导模的有效折射率。

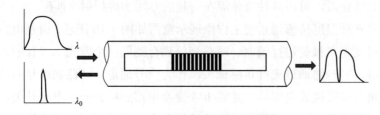

图 1-11 光栅测温原理示意图

式（1-7）表明，光纤光栅的中心反射波长 λ_B，随 Λ 和 n_{eff} 的改变而改变。由于温度和应力的变化都导致 Λ 和 n_{eff} 发生变化，产生 $\Delta\Lambda$ 和 Δn_{eff}，即光纤布喇格光栅对于温度和应力都是敏感的，应力影响由光弹效应和光纤光栅周期 Λ 的变化引起，温度影响由热光效应和热膨胀效应引起。因此符合布喇格条件的发射光波长的移位为

$$\Delta\lambda = 2\Delta n_{\text{eff}}\Lambda + 2n_{\text{eff}}\Delta\Lambda \tag{1-8}$$

上式表明，反射波长偏移与光纤芯的有效值折射率和光栅常数的变化有关。当光纤光栅受到轴向应力作用或温度变化影响时，两者都会发生变化。应力作用下的光弹效应导致折射率变化，而热膨胀系数只是光栅常数改变。在实际测量中，可能温度和应力同时存在，此时传感器对于温度和应力都是敏感的，当光纤用于测量时，很难分辨出应变和温度分辨引起的波长改变，因此在实际应用中必须采取措施进行补偿或区分。

沿光纤继续传输的透射光继续传输给其他具有不同中心波长的光纤光栅，并逐一反射各个光纤光栅的中心波长，通过测量各反射光的中心波长，实现一根光纤上多个光纤光栅温度传感器的串联。

光纤光栅温度测量平台的结构示意图如图 1-12 所示。宽带光源发出的光经过一个 2×2 光纤耦合器分别送至变压器内部的测量光纤光栅传感器通道和参考光纤光栅通道，光纤光栅传感器通道可接入多个中心波长互不重叠的光纤光栅传感器，参考光栅通道中接有两个参考光纤光栅，放到温度恒定的环境中，保持中心波长恒定作为波长参考。光纤光栅反射光带宽为 0.2nm 左右，可调 F-P（Fabry- Perot）滤波器的谱宽约为 0.05nm，中心波长为 1550nm，自由光谱范围约 40nm。通过锯齿波控制滤波器上的压电体使其反复扫描自由光谱范围，当滤波器的波长和光纤光栅温度传感器的中心波长相吻合时，光电探测器中将会探测到从光纤光栅温度

传感器中反射回来的光。数据采集卡采集光电探测器中的电压值，输入计算机进行处理，通过标定计算得到光纤光栅的波长以及温度。

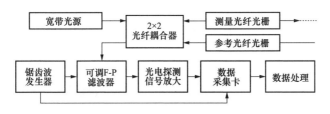

图 1-12　光纤光栅温度测量平台结构示意图

光纤光栅温度传感器属于无源器件，因其具有耐腐蚀、抗电磁干扰、尺寸小、易于埋入、便于利用波分复用和时分复用实现组网测量等优点，在变压器内部温度测量中具有很好的应用前景。目前，国内外开展了相关的理论和试验研究，取得了初步的成果，但均处于试验阶段，并且光纤光栅受封装工艺影响，光栅位置机械强度下降，在变压器内部易折断，未能实现光纤光栅温度传感器与变压器绕组的真正接触。

1.4.5　荧光光纤温度传感技术

当紫外光照射到某些特定物质时，这些物质会发射出各种颜色和强度不同的可见光，一旦紫外光停止照射，这种可见光也很快地消失，这种可见光就称为荧光。

荧光光纤测温技术是利用稀土元素在紫外线的照射下会产生荧光，这种荧光的衰减速度是随温度而变的，利用温度对荧光衰减速度的影响来测温。该测温方法是计算荧光材料的余辉时间常数，原则上与光强度没有关系，不易受环境影响，也没有现场标定等问题。使用寿命受光源激发功率的影响不大，有效工作时间更长。

从性能方面考虑，荧光光纤测温技术原理简单、抗干扰性能强、对微弱信号的检测比较容易实现，且系统长期工作的稳定性好。常用的荧光测温系统结构示意图如图 1-13 所示。

随着光纤材料的不断创新，光纤测温的优势得到了完美的体现，其体积小、寿命长、易于多点埋设、可实时检测等方面的优点在变压器测量上尤为重要。特别是在我国智能电网技术的需求下，光纤绕组测温已作为一个重要的在线监测项目列入国家电网有限公司 2010 年 2 月 10 日印发的 Q/GDW Z 410—2010《高压设备智能化技术导则》中，并且提出"绕组光纤测温宜用于电压等级为 220kV 及以上的重要变压器"，光纤测温已成为变压器绕组测温的发展趋势。

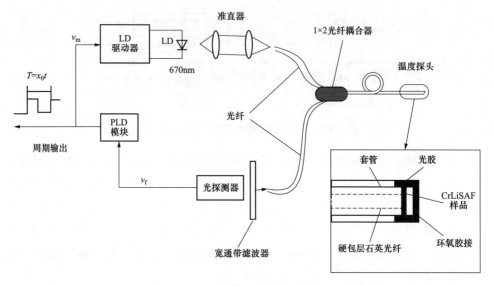

图 1-13　荧光测温系统结构示意图

v_m—调制信号；v_f—荧光信号

1.4.6　分布式光纤温度传感器

　　近年来，基于拉曼散射的分布式光纤传感技术成为光纤传感领域中的研究热门和前沿课题。由于基于拉曼散射的光纤传感技术集信号传输和传感信息于一根连续的光纤上，可同时获得被测物随时间和空间变化的分布信息，具有全分布式、长距离、高测量精度等优点。

　　当激光器发出的脉冲光由光纤的起始端注入光纤中时，由于介质的非均匀性，介质中的光一方面沿着光传播的方向定向传播，另一方面则会发出向其他方向的散射光，其中散射方向与入射方向相反的即为后向散射光。根据散射光波长与入射光波长的关系，散射光可分为三种，即瑞利（Rayleigh）散射光、布里渊（Brillouin）散射光和拉曼（Raman）散射光，如图 1-14 所示为散射光的光谱图。

　　入射脉冲光在光纤中传播时，会发生瑞利散射、布里渊散射和拉曼散射。其中，拉曼散射光只对温度敏感，且拉曼散射又分成斯托克斯和反斯托克斯散射光，反斯托克斯散射光对温度敏感，而斯托克斯散射光受温度影响较小，而且这两种散射光的光强度与温度变化成比例，即

$$\frac{I_{as}}{I_s} = \left(\frac{\lambda_s}{\lambda_{as}}\right)^4 e^{-\frac{B}{T}}$$

$$B = \frac{hc\upsilon}{k}$$

（1-9）

式中　I_{as}——反斯托克斯光强度；

I_s——斯托克斯光强度；

λ_s——斯托克斯光波长；

λ_{as}——反斯托克斯光波长；

c——真空中的光速；

h——普朗克系数；

T——光纤温度值；

k——波尔兹曼常数；

υ——拉曼偏移量。

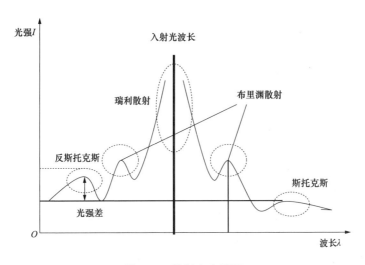

图 1-14　散射光光谱图

测量及计算分析斯托克斯和反斯托克斯光的强度之比可以得到光纤的温度。

分布式光纤温度传感系统工作原理示意图如图 1-15 所示，散射光经过滤波分为斯托克斯光和反斯托克斯光，然后转换为电信号，输出的电信号经宽带放大器放大后再经过信号采集与处理得到温度的信息，并存储在波形存储器中。典型的分布式光纤温度传感器系统，能在整个连续的光纤上以距离的连续形式，测量出光纤上各点的温度值。

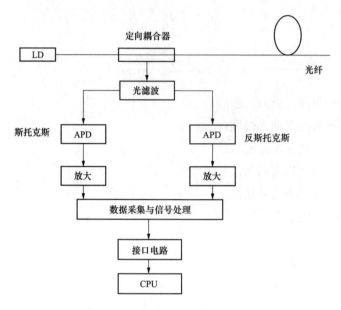

图 1-15   分布式光纤温度传感系统

分布式光纤测温系统是一种分布式的、连续的、功能型光纤温度传感器。典型的分布式光纤温度传感器系统，能在整个连续的光纤上以距离的连续函数形式，测量出光纤上各点的温度值。分布式光纤温度传感器基于光纤内部光的散射现象的温度特性，利用光时域反射测试技术，将较高功率窄带光脉冲送入光纤，然后将返回的散射光强随时间的变化探测下来。

分布式光纤测温系统是近年来发展起来的一种用于实时测量空间温度场分布的传感系统，在工业生产、国防建设、航天航空等领域显示出巨大的应用前景。随着新技术在该领域的进一步应用，分布式光纤温度传感器的可靠性、稳定性和分辨率会进一步提高，在现实生活中将会得到越来越广泛的应用。基于拉曼散射的分布式测温技术目前尚无变压器内部应用先例，仅处于实验室研究阶段，还存在受空间分辨率限制导致温度测量精度较低，施工工艺复杂等问题。

1.4.7   温度传感系统的性能指标

衡量温度计的测温能力的标准主要有以下几种：

（1）灵敏度。指信号变化（ΔS）随温度（T）变化的斜率，通常表示为温度变化 1K 时，信号变化的百分比（%K^{-1}）。

（2）分辨率。指可以测量到的最小温度变化，用℃或 K 表示。

（3）动态范围。指可以用合适的精度测量到的最高温度和最低温度构成的范围，用℃或 K 表示。

（4）准确度。指测量到的温度与实际的温度一致性，用百分比表示，表征系统误差大小。

（5）精确度。指多次重复测定同一量时，各测定值之间彼此相符合的程度，可表征随机误差的大小。

光纤测温技术用于高电压变压器的绕组热点温度探测，至今已有 30 余年的历史。目前，在欧美、东南亚、澳大利亚及日本等国家和地区的电力部门已经广泛地应用光纤温控器进行变压器温升试验、变压器运行保护和冷却系统控制、短时和紧急状况下过负载运行及收集变压器的运行数据。国内一些变压器制造商也在 20 世纪 80 年代开始在某些型号的变压器上进行过光纤测温的尝试。目前，用于电力变压器内部温度测量的光纤传感系统主要有三种，即半导体光纤测温技术、光纤光栅测温技术和荧光光纤测温技术。目前荧光光纤绕组测温因其原理简单、抗干扰性能强、对微弱信号的检测比较容易实现且系统长期工作的稳定性好等优点，更加引起关注，已经开展很多研究。综合考虑荧光光纤测温系统在性能方面的优势，研究基于荧光光纤的变压器绕组测温对于电网公司运检有很大意义，尤其荧光光纤传感器预装比后期改造成本更低，不破坏变压器内部电磁热力环境，对于推动变压器生产制造企业、监测行业、带电检测有很大意义。

1.5　荧光光纤测温传感器的发展历程

西方国家在荧光光纤温度传感器的研究方面起步较早，1982 年出现的第一个商业化的系统是以氧硫化钇为敏感物质、用稀土元素铜激发的 Luxtron-1000 模型，该模型输出的荧光强度与温度体现了很好的相关性。在随后的研究中，研究人员 Grattan 把稀土元素钕和铕分别应用于荧光光纤温度测量的研究中，因稀土材料发光效率高、性能稳定，取得了极大的成功。

1983 年，瑞典的自动化和能源公司首次报道了以砷化镓晶体作为敏感材料的 ASEA 模型 1010 系统荧光光纤温度传感器，但是由于该系统使用了极其复杂信号处理电路，造价十分昂贵。

1985 年，K.T.V.Grattan 等研制出一种采用钕玻璃作为敏感材料的荧光温度传感器，对荧光衰减时间和温度的关系得出温度。

1987 年，K.T.V.Grattan 等报道了一种通过测量荧光寿命来测量温度的荧光温度传感器，该系统采用低成本的滤波器和相对简单的电子电路，降低了生产成本，得到了较为广泛的应用。

1988年，Z.Ghassemlooy等人设计了两种基于黄光寿命原理的温度传感器探头。

1992年，Z.Y.Zhang和K.T.V.Grattan等提出了一种采用波长为670nm的激光器作为激发光源的新型光纤温度传感器。该传感器用亚历山大石（alexandrite）晶体作为敏感材料，可以实现从室温到700℃的连续测量。

1993年，Z.Y.Zhang和K.T.V.Grattan等研制了一种新型的温度传感器，即采用了一种新型的数字信号处理方法（锁相环技术），来检测荧光寿命。

Todd V.Smith和D.Barton Smith报道了一种以Y_2O_2S：Eu晶体为探头的光纤温度传感器。通过测量荧光寿命，可以推导出被测物体所处的温度。在20～80℃内，传感器测试可以重复响应。这种温度传感器与其他的温度传感器相比具有温度测量与光纤所受的压力无关、在0.5℃以内温度测量的精确度很高、传感器可以实现实时测量等优点。

1995年，K.T.V.Garttan和A.W.Palmer等利用红宝石材料研制出一种简单的光纤温度传感器。在测温范围从200～300℃时，通过与以前的温度传感器做比较，发现红宝石温度传感器的测量精度取得了很大的提高。红宝石温度传感器可以被应用在食品检测和环境监测之中。

1996年，Babnik等人设计了一种荧光探头，当利用荧光寿命测温时，探头具有非常高的采集效益。在这个系统里面主要提出了光纤的位置和数量、探头的晶体结构、晶体反射率等这些因素作为评估探头优化的参数。在系统中采用了亚历山大石（alexandriet）晶体作为探头材料。在20～90℃范围内，可达到±0.3℃的精度。

1996年，Y.L.Hu等通过研究红宝石材料研制出一种简单的光纤温度传感器。通过与以前的温度传感器做比较，发现红宝石温度传感器的测量精度取得了很大的提高。红宝石温度传感器可以被应用在食品检测和环境监测之中。同时给出了两种不同尺寸的探头的对比实验结果，一种较大尺寸光纤芯径为0.4mm，一种是较小尺寸光纤芯径为0.1mm，结果表明较大尺寸的探头的荧光衰落时间长于较小尺寸的探头的荧光的衰落时间。Y.L.Hu等在1997年对这个问题进行了进一步的研究，采用较小的探头形式，利用数字信号处理技术，使测量的温度范围进一步扩大。

1998年，S.F.Collins和G.W.Baxter等对基于荧光强度比和荧光寿命的两种方法荧光光纤温度传感器的工作性能进行了比较。通过分析得出了在较低温度时，荧光强度比的测量方法要比荧光寿命的测量方法优越。但是随着温度的增加可以看出，在一个较宽的温度范围内，荧光寿命的测量方法优越于荧光强度比的测量方法。

1999 年，Zhang、Sun 和 Grattan 提出掺铥光纤作用可用来测量温度，测量范围在 323~1523℃之间。

2000 年，D. P. Jia 和 W. Lin 等提出了一种新型的多通道荧光温度测量系统，在系统中设计了几百个通道。这个系统能被应用于电站和高压电装备的地方，显著地减小了每个测量通道的成本。

2001 年，R. S. Meltzer 等研究了纳米晶体 Y_2O_2S：Eu 的温度特性，研究了纳米晶体绝缘体中的稀土离子的激发态辐射寿命，发现它与等价的块状晶体的寿命相比不同，其寿命有效地依赖于组成纳米颗粒的介质的折射率以及填充在它们中间的物质。

2003 年，S. W. Allison 等研究了 YAG：Ce 的荧光寿命与温度的关系，研究的温度范围为 0~70℃，YAG：Ce 的荧光衰减寿命变化范围大，信号强度比较高，是一种极其有效的荧光材料。

2011 年，Huria 设计了一种基于荧光强度原理的在石英光纤中掺杂 Yb^{3+}的温度传感器。

国内对荧光温度传感器的研究起步相对晚一些，始于 20 世纪 80 年代末，但发展很快，许多高校和科研单位展开了这方面的工作，有关荧光光纤温度传感器的论文、译文逐渐增多，研究深度也逐渐增大。

1988 年，天津大学张立儒对红宝石晶体作为敏感材料的光纤荧光温度传感器进行了研究。

1990 年，浙江大学重点解决了 Nd：YAG 单晶光纤荧光温度传感器测量电机转子表面温度问题。

1997 年，杨静等开展了基于荧光寿命原理的荧光光纤传感器的研究。

1998 年，华南理工大学刘英等提出了一种红宝石光纤温度传感器。该光纤温度传感器探头采用具有稳定的物理和化学性能、价格便宜的红宝石晶体作为探头材料。研究结果表明，该光纤传感器具有性能稳定、成本低的特点，特别适合于对大型机电设备内部温度以及各种加热炉、感应炉的温度测量。

1998 年，沈阳工业大学盖瑛研究了一种非接触光纤荧光测温法，这种测量方法可对电力设备内部的温度进行测量，对于防止故障发生，保证设备正常有实际意义。

1999 年，郑州大学张友俊提出了荧光光纤传感器的表面非接触测量，描述了强度调制型荧光光纤温度传感器具有其他光纤温度传感器所不具有的优点。对原有的传感器的传感部分做了改进，系统采用 Y_2O_2S：Eu 晶体作为探头材料，使之能用于对运动物体小面积的非接触性温度的测量。

2000 年，浙江大学沈永行等提出了从室温到 1800℃ 全程测温的蓝宝石单晶光纤温度传感器，用激光加热小基座法产生端部掺 Cr^{3+} 离子的蓝宝石单晶光纤，蓝宝石光纤具有优良的物理化学性能，在近红外具有良好的光学透光率，特别适合于高温测量的场合。该光纤传感器综合了光纤辐射测温计数和光纤荧光测温技术的特点，使两者有效地结合，实现用一种光纤传感头从低温到高温全部范围的温度测量。

2001 年，关晓平利用稀土荧光材料（Y_2O_2S：Eu）设计了一种荧光光纤温度传感器。

2001 年，西安交通大学研制了一种新型的荧光光纤温度传感器，该系统采用荧光辐射型多路光纤温度传感器，对 XGQ3005 充气变频 X 射线探伤机的高压变压器绕组中热场分布进行了测量。为充气变频 X 射线探伤机的可靠性设计和安全使用提供了有力的依据。

2004 年孙伟民等把掺钕光纤应用到荧光测温系统中。

2009 年浙江大学沈剑威针对高性能单晶光纤在高温测量方面开展了研究。

近些年来沈阳工业大学和燕山大学在荧光寿命检测方面开展了大量的研究，在荧光的激励方式上做了大量的改进，并把 Prony 法、锁相探测技术等方法应用到荧光光纤温度传感器的研究中。

从上可以看出我国荧光光纤传感器的起步比较晚，研究主要集中在高校和科研院所，光纤温度传感器的研究在理论上已比较成熟，但是在实际应用中还比较少。目前国内光纤温度传感器普遍存在工作不稳定的问题，围绕这些不稳定因素，国内外都展开了深入的研究，不断研究新的消噪方法，比如利用傅里叶变换和小波变换来处理数据，还提出了一些更具稳定性的补偿方法，这些方法对提高光纤传感器的稳定性有很大帮助。

目前国内外已有多家公司的荧光光纤温度传感产品应用于各个领域，国外公司比较有代表性的是美国 LUMASENSE 科技公司、北美光控公司（PHOTON CONTROL）、加拿大 Osensa 公司。国内的西安和其光电科技有限公司、北京东方锐择科技有限公司、福州华光天锐光电科技有限公司，都研发了自己的产品。

将国内外商用荧光光纤温度检测系统在测量范围、响应时间和测量误差方面进行对比，对比结果见表 1-3。

表 1-3　　　　　　　　　各厂家荧光测温系统参数对比

生产厂家/型号	测量范围（℃）	响应时间（s）	测量误差（℃）	测量分辨率（℃）
LUMASENSE/ThermAsset2	−30～200	2	±2	0.1
PHOTON/ST-HP	−40～450	0.05	±0.05	0.01
OSENSA/PRB-230	−40～230	2	±1	0.1
华光天锐/SR-G	−20～200	2	±1	0.1
东方锐择/FTM-6CH	−40～200	2	±1	0.1
何其光电/HQ-S116	−40～260	2	±1	0.1

　　研究变压器绕组荧光光纤传感测温技术，掌握荧光光纤测温传感器原理、荧光光纤对油中绝缘的影响和老化特性、荧光光纤传感器的设计与研制、变压器绕组光纤测温用荧光光纤传感器及光纤的工厂安装技术规范，将有助于正确、安全、有效地应用变压器绕组测温技术及其大规模推广，使设备运行单位可以直接、实时、精确测量变压器绕组"热点"温度，对提高电力变压器的运行安全稳定性，提前发现设备内部存在的安全隐患，避免故障停电造成的重大损失，具有广阔市场应用价值和前景，可产生巨大的经济和社会效益。荧光光纤测温技术的优势具体表现在以下几个方面：

　　（1）提供动态、实时、准确的热点信息，及时启动冷却系统，确保变压器绝缘不受损坏或遭受最小的破坏，延长变压器使用寿命。

　　（2）实时监测变压器绕组"热点"温度，评估变压器运行状态，更经济有效地控制冷却系统，优化成本，同时增强系统可靠性。

　　（3）实时监测变压器运行状态中温度信息，及时有效调配负荷，优化变压器负载运行配置，实现变电增容，提高电网稳定性。

第2章 荧光光纤测温原理

2.1 概述

荧光光纤测温技术实际上是将荧光分析技术和光纤技术相结合的一种温度测量方法，其基础是光致发光现象。光致发光是指当某些材料受到某种形式的电磁辐射（如红外的、可见的、紫外的光谱区域）激发，会产生超出热辐射以外的发光现象。而在一定的温度范围内，所有的发光材料的荧光强度和荧光寿命都会有一定的温度相关性，因此，荧光光纤测温的基本原理是通过检测荧光物质受激后荧光发射和温度的关系来实现温度的测量。

2.2 荧光

某些化学物质从外界吸收并储存能量而进入激发态，当其从激发，态回到基态时，过剩的能量以电磁辐射的形式发射出去即发光，称之为荧光。可产生荧光的分子或原子在接受能量后引起发光，供能一旦停止，荧光现象随之消失。

按照产生荧光的基本微粒不同，荧光可分为原子荧光、X 射线荧光和分子荧光。

原子荧光是指，外层电子吸收电磁辐射之后，从基态跃迁至激发态，再回到较低能态或基态时，发出的电磁辐射。原子荧光可分为共振荧光、直跃线荧光、阶跃线荧光等。当测定元素含量时，可以通过测量元素的原子蒸汽在特定频率辐射能下所产生的荧光强度来测定，这种方法被称为原子荧光光谱法，是测定微量砷、锑、铋、汞、硒、碲、锗等元素最成功的分析方法之一。

X 射线荧光是指，用初级 X 射线激发原子内层电子所产生的次级 X 射线。X 射线荧光分析法就是一种利用原级 X 射线光子或其他微观粒子激发待测物质中的原子，使之产生次级的特征 X 射线（X 光荧光）而进行物质成分分析和化学态研究的方法。

分子荧光是指，基态的物质分子吸收能量之后跃迁到激发态，之后激发态分子因转动、振动等损失一部分激发能量，并以无辐射跃迁下降到低振动能级，再从低振动能级下降到基态，此时所发出的荧光，即通常所说的荧光。荧光分析法指的是，以物质发射荧光的强度和浓度之间的线性关系，对物质含量进行定量分析，或是以荧光光谱形状和荧光峰值波长对物质进行定性分析的方法，也称作分子荧光光谱法或荧光光谱法。荧光分析法具有灵敏度高、速度快、重复性好、取样容易、试样需要量少等优点，因此从刚开始建立，就引起人们普遍的重视，并很快地在实际分析研究中推广使用。荧光分析法发展至今，已广泛应用在生物、化学、医药、农业、轻工、化工、环境保护及司法鉴定等各个领域中。可以用荧光分析法鉴定和测定的无机物、有机物、生物物质、药物等的数量与日俱增，荧光分析法越来越成为分析化学工作者所必须掌握的一种重要分析方法。

在荧光分析中，荧光分为自然荧光和人工荧光两种。自然荧光是指敏感物质不需要经过特殊的处理，当受到激发时就能产生荧光的现象，又称为一次荧光。人工荧光是指敏感物质经过化学处理后，才能被激发产生荧光的现象，又称为二次荧光。

由化学反应引起的荧光称为化学荧光，由光激发引起的荧光称为光致发光。荧光测温正是建立在光致发光这一基本物理现象上的。光致发光是指以光作为激励手段，激发材料中的电子从而实现发光的过程。它是伴随光生额外载流子对的复合过程发生的现象。具体来说，电子从价带跃迁至导带并在价带留下空穴；电子和空穴在各自在导带和价带中通过弛豫达到各自未被占据的最低激发态（在本征半导体中即导带底和价带顶），成为准平衡态；准平衡态下的电子和空穴再通过复合发光，形成不同波长光的强度或能量分布的光谱图。光致发光过程包括荧光发光和磷光发光。

荧光物质的发光一般遵循斯托克斯定律，也就是荧光物质吸收波长较短的光，而释放出波长较长的光，其发光现象可以用周围固体发光的能带理论和发光中心来解释。一些荧光物质受红外、紫外光或某种形式的光激励后发出的荧光，其荧光强度或是荧光寿命显示了非常好的温度相关性。

2.3 荧光产生的机理

2.3.1 光的吸收

光通过物质时，某些频率的光会被吸收而使光强度减弱，这一现象称为物质对光的吸收。原子、分子或离子具有不连续的、数目有限的量子化能级，只能吸收与两能级之差相同或为其整数倍的能量口。对于光来说，只能吸收一定频率的光子，即

$$hc = \lambda \Delta E = E_2 - E_1 \tag{2-1}$$

式中　λ——发出光子的波长，nm；

　　　h——普朗克常数，$4.1356676969 \times 10^{-15}$eV·s；

　　　c——光速，3×10^8m/s；

　　　E_1——电子在低能级时的能量，eV；

　　　E_2——电子在高能级时的能量，eV。

实际上，由于 E_1 和 E_2 总是分别处于两条不同的能带之中，因此观测到的往往不是某一波长的光，而是某一波段的光。分子的能量由原子中电子产生的电子能、分子围绕它的重心旋转产生的转动能、原子沿着它们的核间轴做相对的弹性振动而产生的振动能三部分组成，相应的分子的吸收光谱分为转动、振动和电子光谱三类。

纯粹的转动光谱只涉及分子转动能级的改变，不产生振动和电子状态的改变。转动能级间距很小，吸收光子的波长较长，频率较低。分子转动能级间的能量差一般小于 0.5eV，因此分子转动能级变化所产生的吸收光谱在远红外区甚至微波区。

振动光谱反映了分子转动和振动能级的改变。分子吸收光子后产生了伴随着振动能级跃迁。分子振动能级间的能量差一般为 0.05～1eV，引起这种改变的光子能量比第一种高，分子振动能级变化所产生的吸收光谱出现在近红外区。分子吸收光子后会使电子跃迁，产生能级的改变，即电子光谱。电子能级的变化同时伴随着振动能级和转动能级的改变，因此两个电子能级间的跃迁产生的并不是单一的谱线，而是许多相距不远的谱线组成的吸收带。电子能级间的能量差一般为 1～10eV，能级产生的吸收谱出现在可见和紫外光区域。由于物质具有的分子、原子及其空间结构各不相同，所以其具有的能级数目和能级差也不一样，各个物质吸收光能量的情况也就互不相同，即每个物质都有其特定的吸收光谱。

2.3.2　激发

激发过程是指分子吸收外界能量后，分子由能量基态跃迁至能量较高的不同激发态的过程。

电子激发态的多重态用 $2N+1$ 表示，N 为电子自旋量子数的代数和，其数值为 0 或 1。通常分子里同一轨道所占据的两个电子必须具有相反的自旋方向，即一半价电子的自旋方向正好和另一半相反，价电子自旋量子数之和为零，$N=0$，称这类分子处于单重态，用 N 表示。当分子吸收能量后电子在跃迁过程中还伴随着自旋方向的改变，即正向自旋和反向自旋电子数不相等时，$N=1$，称分子处于三重态，用 P 表示。基态分子和激发态分子都有单重态和三重态两种状态。分子的基态，第一和第二点电子激发单重态分别用符号 N0、N1、N2 来表示，第一和第二电子激发三重态则分别用 P1 和 P2 表示。单重态的电子基被激发时容易跃迁到单重态的电子激发态，而不容易跃迁到三重态的电子激发态。同样三重态的电子基被激发时容易跃迁到三重态的电子激发态，而不容易跃迁到单重态的电子激发态。大多数分子在室温下都处于基态的最低振动能级。荧光或磷光涉及的分子基态都处于单重态，具有最低的电子能。固体被激发后会产生发光现象，根据不同的激发方式，可分为光致发光、生物发光、热致发光和场致发光。分子因吸收外来辐射的光子能量而被激发所产生的发光现象称为光致发光；如果分子的激发能量由反应的化学能或由生物体释放出来的能量提供，其发光现象分别称为化学发光或生物发光；由热活化的离子复合激发模式所引起的发光现象，称为热致发光；由电荷注入或摩擦等激发模式所产生的发光，分别称为场致发光或摩擦发光。

2.3.3 激发态分子的去活化

处于激发态的分子不稳定，它会通过辐射跃迁和非辐射跃迁等分子内的去活化过程丧失多余能量而返回基态。辐射跃迁的去活化过程即发射光子的过程，伴随着荧光或磷光现象。非辐射的去活化过程即电子激发能转化为振动能或转动能的过程，包括内转化和系统间窜越，内转化是相同多重态的两个电子激发态之间的非辐射跃迁，如 N1→N0，P1→P0，系统间窜越是不同多重态的两个电子态之间的非辐射跃迁，如 N1→P0，P1→N0。如果分子在吸收辐射后被激发到处于 N2 电子态以上的某个电子激发单重态，处于较高振动能级上的分子很快发生振动弛豫，将多余的振动能量传递给介质而降落到该电子态的最低振动能级，此后又经内转化及碰撞弛豫而降落到 N1 电子态的最低振动能级。处于单重态的激发电子，其分子去活化有三种途径：

（1）发生单重态的电子激发态到基态的辐射跃迁而伴随的发光现象，即荧光；

（2）发生单重态的电子激发态到基态的内转化；

（3）发生单重态的电子激发态与多重态的电子激发态的体系间窜跃。

处于多重态的最低振动能级的激发分子，其分子内的去活化有两种途径：

（1）发生多重态的电子激发态到单重态的电子基态的辐射跃迁，伴随的发光现象，即磷光；

（2）发生多重态的电子激发态到单重态的电子基态的体系间窜跃。

综上所述，产生荧光的步骤，可以分为以下四个过程：

（1）当受到外界光照射时，在基态的最低振动能级的荧光物质分子吸收了和它具有的相同频率的光线，跃迁到第一电子激发态的各个振动能级。

（2）被激发到第一电子激发态的各个振动能级的分子，通过无辐射跃迅，降落到第一电子激发态的最低振动能级。

（3）降落到第一电子激发态的最低振动能级的分子继续降落到基态的各个不同振动能级同时发射出相应的光量子，即荧光。

（4）到达基态的各个不同振动能级的分子再通过无辐射跃迁最后回到基态的最低振动能级。

2.4 荧光物质的激发光谱和发射光谱

激发光谱又叫激励光谱，是指敏感材料的荧光强度随激发光波长变化而变化的曲线。曲线反映了激发光相对于荧光材料的有效波长，就是使荧光材料的发光强度更大的光的波段。这对于选择激发光源很有意义。要绘制激发光谱，首先要是使激发光激发荧光物质产生荧光，让荧光通过固定波长的发射单色器，到达检测器，相应的荧光强度由检测器测出，记录相应的荧光强度和激发波长，最后把它们的关系曲线在图中绘出，这条曲线就是激发光谱。它在荧光实验中具有非常重要的作用，试验中要根据激发光谱峰值选择合适的激发光源，进而提高荧光效率。

荧光光谱又叫受激发光谱、发射光谱，是指荧光强度随荧光波长变化而变化的曲线。用激发光激发敏感材料发出荧光，检测荧光中各波段的荧光强度。记录相应的数据，最后把它们的关系曲线在图中绘出，这条曲线就是荧光光谱。它反映了在出射的荧光中，那个波段的光的强度更大。不同物质的荧光光谱各不相同，在荧光测量时，可根据荧光光谱选择适宜的测定波长或滤光片。荧光发射光谱一般具有以下特征：

（1）荧光发射光谱的形状与激发波长无关。原因在于：内转化和碰撞振动弛豫的速度非常快，分子即使被激发到高于 S_1 的电子态的更高振动能级，也会很快地丧失多余的能量而衰变到 S_1 电子态的最低振动能级。分子的吸收光谱可能有几个吸收带，但其荧光光谱却只有 1 个发射带。由于荧光发射产生于第一电子激发态的最低振动能级，而与荧光物质分子被激发至哪一个电子态无关，所以荧光发射光谱的形状通常与激发波长无关。

（2）荧光物质的荧光发射光谱和它的吸收光谱之间存在着"镜像对称"关系。荧光发射光谱的形成是由激发态分子从第一电子激发单重态的最低振动能级辐射跃迁至基态的各个不同振动能级所引起的，荧光光谱的形状与基态中振动能级的分布情况有关。吸收光谱中第一吸收带的形成是由基态分子被激发到第一电子激发单重态的各个不同振动能级引起的，而基态分子在通常情况下处于最低振动能级。因此第一吸收带的形状与第一电子激发单重态中振动能级的分布情况有关。一般情况下，基态和第一电子激发单重态中振动能级的分布情况相似。根据夫兰克-康顿原理，电子跃迁速率非常之快，以至于跃迁过程中核的相对位置近似不变。假如在吸收光谱中某振动能级间的跃迁概率最大，其相反跃迁的概率也应该最大，因此荧光发射光谱和吸收光谱之间呈镜像对称关系。

如图 2-1 所示为激发光谱和荧光光谱，采用铕激活的氧化钇作为荧光传感材料，当紫外光波长在 365nm 附近时，荧光强度最大，所以进行测量时，要将激励光控制在此波段，此时，荧光光谱中有两个峰值，即有两个荧光强度较强的波段，波峰为 540nm 和 630nm。当激励光处于紫外区时，荧光效率较高。温度不同，激

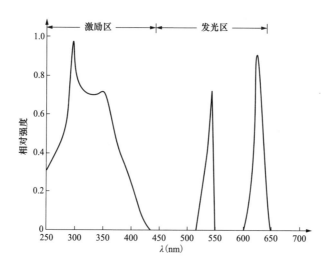

图 2-1　铕激活的氧化钇的激励光谱和荧光光谱

发态上钇离子的数量也不一样，荧光光谱中的两个峰值大小也不同。所以被测温度可以由两个峰值的相对强度的比值得出。

2.5 荧光寿命和量子效率

1. 荧光分子平均寿命

激发态的荧光分子平均寿命定义为返回基态之前分子停留在激发态的平均时间，或者说处于激发态的分子数目衰减到原来的 1/e 所用的时间。对处于 S1 电子态的荧光体，其平均寿命为

$$\tau = \frac{1}{k_f + \sum k} \qquad (2\text{-}2)$$

式中　k_f——荧光发射的速度常数；

　　$\sum k$——使各种单分子辐射去活化过程速率常数之和。

荧光发射是一种随机过程，约有 63% 的激发分子在 $t = \tau$ 时刻之前衰变，37% 的激发分子在 $t > \tau$ 的时刻衰变。

粒子数容易增加的电子激发态，处于该电子态的粒子束也容易衰减。荧光分子的平均寿命与摩尔吸收光分数间的关系为

$$\tau \approx \frac{10^{-5}}{\varepsilon_{max}} \qquad (2\text{-}3)$$

式中　ε_{max}——最大吸收波长下的摩尔吸收系数。

上式可用来估计激发态的辐射荧光分子平均寿命，如 S0→S1 是许可的跃迁，一般情况下，ε_{max} 值约为 $10^3 m^2/mol$，则荧光分子的平均寿命大致为 $10^{-8}s$。

当没有非辐射去活化过程存在时，荧光分子的寿命称为内在寿命，用 τ_0 表示，即

$$\tau_0 \approx \frac{1}{k_f} \qquad (2\text{-}4)$$

荧光的衰减遵从

$$\ln I_0 - \ln I_t = -\frac{t}{\tau} \qquad (2\text{-}5)$$

式中　I_0——$t = 0$ 时的荧光强度；

　　I_t——t 时的荧光强度。

即荧光强度随 t 呈指数形式衰减。

通过测量不同时刻 t 所对应的 I_t 值，可做出 $\ln I_t$–t 关系曲线，其结果为一条直线，由该直线的斜率可求得荧光平均寿命值。利用荧光分子平均寿命的差别还可以进行荧光物质混合物的分析。

2. 荧光效率

产生荧光必须具备 2 个条件：一是物质的分子必须具有与照射光相同的频率；二是吸收了与本身特征频率相同能量的分子，必须具有高荧光效率。许多能吸收光的物质并不一定能发出荧光，就是由于其分子的荧光效率不高，而将所吸收的能量消耗于与溶剂分子或其他溶质分子之间的相互碰撞中。一般用荧光量子产率（Y_F）表示荧光效率，Y_F 定义为物质收到外界光能激发后产生的荧光光子数与所吸收的入射光光子数的比值。因为激发态分子的去活化过程包括辐射跃迁和非辐射跃迁两个过程，所以荧光量子产率 Y_F 也可表示为

$$Y_F = \frac{k_f}{k_f + \sum K} \tag{2-6}$$

式中　$\sum K$——各种单分子的非辐射去活化过程的速率常数总和。

一般情况下 $Y_F < 1$，Y_F 越大，产生的荧光越强。荧光量子产率的数值大小，主要决定于物质的结构和性质，同时也与物质所处的环境有关，比如温度。

除了荧光量子产率之外，荧光效率还可以用荧光的能量产率和荧光量子效率来表示。荧光的能量产率定义为荧光所发射的能量与所吸收的能量的比值，用 Y_{ef} 表示，荧光的能量产率总是小于 1。用处于激发态下正在发射荧光的分子数占总体分子数的百分比表示荧光量子效率，用 η_f 表示。荧光寿命和量子产率是荧光物质的重要参数，任何能影响速率常数的因素都可能使荧光的寿命和量子产率发生变化。

几乎所有的荧光分子和材料的发光都对温度有依赖性。当温度升高时，电子动能增大，无辐射跃迁的概率增高。无辐射跃迁率（non-radiativetransitions，k_{nrt}）与温度之间的关系由阿伦尼乌斯公式（Arrhenius equation）决定，即

$$k_{nrt} = A e^{(-E_a / kT)} \tag{2-7}$$

式中　k——温度 T 时的反应速度常数；

A——指前因子，也称为阿伦尼乌斯常数，单位与 k 相同；

E_a——实验活化能，一般可视为与温度无关的常数，$J \cdot mol^{-1}$ 或 $kJ \cdot mol^{-1}$；

T——绝对温度，K。当温度升高时，无辐射跃迁率增加，导致荧光强度下降，这便是荧光光纤测温的最主要的原理。

2.6 荧光测温原理

在荧光测温技术中，使用的大多数荧光材料具有比较长的荧光寿命。在光源恒定的情况下，荧光线状光谱的强度是温度的函数。所有的发光材料在某个温度范围内，可以展示出某种程度的温度依赖的荧光寿命及荧光强度。这些温度相关性，就是荧光测温法的工作机理。

如果荧光的某一参数受温度调制，且关系单调，就可以通过测量这一参数来进行温度测量。某些荧光材料受紫外线照射后在可见光区激发出荧光，荧光余辉的衰变时间常数即荧光寿命是温度的单值函数。通过测量荧光寿命即可得到温度。荧光寿命取决于激发态的衰减速率，分子激发态的衰减过程示意图如图2-2所示。

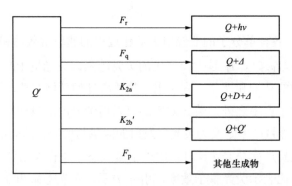

图 2-2　分子激发态的衰减过程示意图

Q—系统的基态；Q'—系统的激发态；v—荧光频率；h—普朗克常数；D—消激发或

猝灭因子；F_r—激发态自发辐射光子回到基态的速率常数；F_q—分子之间相互作用

消激发的速率常数；F_p—激发态演变为其他生物的速率常数；K'_2—双分子

激发态猝灭的速率常数，$K'_2 = K'_{2a} + K'_{2b}$

在分子激发态的衰减过程中，激发态 Q' 衰减的速率方程为

$$\frac{d[Q']}{dt} = -(F_r + F_q + F_p)(Q' - K'_2[D][Q']) \qquad (2\text{-}8)$$

理论上 D 在衰减过程中会发生变化，但是由于激发态的寿命很短，在测量过程中可以认为 D 基本保持不变，可将其归入常数 F'_2，用 F_1 表示激发态衰减的总速率常数

$$F_1 = F_r + F_q + F_p \tag{2-9}$$

$$F_2 = F_2'[D] \tag{2-10}$$

于是，速率方程式（2-8）可以简化为

$$\frac{\mathrm{d}[Q']}{\mathrm{d}t} = -F_1(1 - F_2)[Q'] = F[Q'] \tag{2-11}$$

由此可得

$$Q' = [Q']_0 e^{-k t'} \tag{2-12}$$

式中　$[Q']_0$——$t = 0$ 时刻的 $[Q']$。

式（2-12）表明激发态按指数规律随时间衰减。理想的探测器检测到的信号正比于光子撞击其表面的速率，而光子撞击其表面速率又正比于光子发射的速率 $F_{r[Q]}$。因而由探测器信号的衰减可知激发态的衰减。激发态的寿命 τ 是一种统计平均值，其积分形式为

$$\tau = \frac{\int_0^\infty t \left| -\dfrac{\mathrm{d}[Q']}{\mathrm{d}t} \right| \mathrm{d}t}{\int_0^\infty \left| -\dfrac{\mathrm{d}[Q']}{\mathrm{d}t} \right| \mathrm{d}t} \tag{2-13}$$

将式（2-12）代入式（2-13），得

$$\tau = \frac{\int_0^\infty t e^{-k t} \mathrm{d}t}{\int_0^\infty e^{-k t} \mathrm{d}t} \tag{2-14}$$

激发态平均寿命等于其衰减时间常数的倒数。荧光强度随时间 t 的衰减关系为

$$I = I_0 e^{-t/\tau} \tag{2-15}$$

式中　τ——荧光强度从 I_0 衰减到 I_0/e 时的时间长度，即荧光寿命。

通常情况下温度越高，荧光的寿命就会越短，因此只要测得荧光寿命，就可以应用上式得到温度值。应用荧光寿命法测温的优点是，温度只与荧光寿命有关，而与光纤对温度以外的干扰如振动、应力等没有关系，这样就提高了测量精度。

2.7　基于荧光的测温方法

在荧光光纤测温技术中，除要求荧光材料具有比较强的荧光强度外，还要求使用的荧光材料具有比较长的荧光寿命。保持激发光源频率和强度不变，荧光光谱的强度是温度的函数。在特定的温度范围内，发光材料的荧光寿命或荧光强度

展示出某种程度的温度相关性。这种温度相关性，可以作为温度测量的依据。如果荧光的某一参数呈现出与温度单调的关系，就可以通过这一参数的测量来间接得到温度。因此，根据对荧光信号处理方式的不同，荧光光纤测温技术分为三种不同的类型，分别是荧光强度型、荧光强度比型和荧光寿命型。

2.7.1 荧光强度型

荧光强度型荧光测温技术的工作原理是检测荧光材料的荧光发射强度，通过温度和荧光发射强度的关系进行测量。

荧光物质的受激发射光谱中的某些谱线强度即荧光发射强度，决定公式为

$$I = I_0 \phi \kappa \varepsilon d c \qquad (2-16)$$

式中：I 为荧光强度；I_0 为激励光强度；ϕ 为荧光物质的量子效率（$0<\phi<1$）；κ 为系统的几何结构因子（表征能接收到的光）；ε 为摩尔吸光度；d 为透射长度；c 为浓度。理想情况下，I 只受量子效率 ϕ 的影响，而 ϕ 会随着外界温度的变化而变化，并且该变化规律是温度的单一函数，因此通过温度和荧光强度的关系就可以实现温度测量。但是单纯的强度测量会受诸多因素的影响，如光纤的弯曲、光源和探测器的老化等。这类传感器通常采用参考通道来消除幅值的不稳定造成的误差，荧光发射在波长上被分为两个区：一个给出温度变化量；另一个提供对温度波动不敏感的参考信号，用以减小荧光发射时输入激励强度波动的影响。

荧光强度型光纤测温技术是应用最早的荧光光纤测温技术，这种方法受激励光源、光纤弯曲损耗、探测器退化等诸多因素的影响，测量精度不高，标定工作量大，而且具有成本高、光学系统复杂的局限性。

2.7.2 荧光强度比型

荧光强度比型温度传感器是基于荧光材料两个不同的激发态能级的密度与温度相关，符合玻尔兹曼分布。从两个不同较高能级到同一较低能级的辐射衰落会在荧光光谱上产生两个不同的谱带，通过适当的滤波可以测量每个谱带的强度，得到的两个谱带强度比值是温度的单一函数。由于每个能级的密度与辐射强度成比例，由式（2-16）给出两个热耦合能级的荧光强度比：

$$R = \frac{N_2}{N_1} = \frac{I_2}{I_1} = \frac{g_2 \sigma_{2j} \omega_{2j}}{g_1 \sigma_{1j} \omega_{1j}} e^{\frac{-\Delta E}{KT}} = B e^{\frac{-\Delta E}{KT}} \qquad (2-17)$$

式中：N_i 为离子数；I_i 为荧光强度；g 为简并度；σ_{ij} 为辐射截面；ω_{ij} 为跃迁角频率；K 为玻尔兹曼常量；ΔE 为两个热能化连续能级之差；T 为热力学温度。

在实际应用中，这两个能级激发态的离子数通过测量这两个状态的荧光强度来实现。灵敏度为

$$S = \frac{1}{R}\frac{dR}{dT} = \frac{\Delta E}{KT^2}$$ （2-18）

由此可见，使用较大能级差的能级可以使得荧光强度比的灵敏度变大，但是如果能级差太大，那么其热能化难以观察，同时还会导致荧光材料的发光微弱，不便于测量。这种强度比型传感器虽然对于强度型传感器有所改进，但采用了相对复杂的光纤元件系统，使得测试系统结构复杂，价格昂贵且精度不高。

2.7.3　荧光寿命型

在某一段温度范围内，无论何种荧光物质，它们的荧光寿命均表现出一定温度相关性，而荧光寿命测温原理正是建立在这种温度相关性上的。

当光照射荧光物质时，其内部电子获得能量从基态跃迁到激发态，从激发态返回到基态时放出辐射能而使荧光物质发出荧光，而在光被移除后的持续发射荧光的时间取决于激发态的寿命，该寿命就被称为荧光寿命。荧光寿命由温度的高低决定。荧光寿命型温度传感器正是基于该特性的温度传感器。

某些稀土荧光材料受激励光照射并激发后，发射出可见的线状光谱，即荧光及其余辉。若荧光的某一参数受温度的调制，且它们的关系呈现出单调性，则可利用这种关系进行测温。线状光谱的强度受激励光源强度及荧光材料的温度影响，如果激励光源强度保持不变，线状光谱的强度为温度的单值函数，且随着时间的推移，通常情况下外界温度越低，线状光谱的强度就越强，余辉的衰减也就越慢。利用滤光片将激励光谱滤除后，测量荧光余辉发射光谱线的强度即可求解出温度大小。但该测量方法要求具有稳定的激励光源强度和信号通道，很难实现，故基本上未得到采用。除此之外，荧光余辉的衰变时间常数也是温度的单值函数。

根据半导体理论可知，余辉的衰落直至消失实际上是光的淬灭过程，温度的升高使得晶格振动的强度增强，而晶格振动强度的增强又使参与吸收的声子数增多，最终导致光的淬灭过程缩短，故荧光物质的温度高低决定了光的淬灭过程的快慢，即决定了衰变时间常数的大小。如图 2-3 所示为荧光寿命和温度的关系。

荧光寿命测温的最大优势就是温度转换关系由荧光寿命单值决定，不受激励光源强度的变化、光纤传输效率、耦合程度的变化等外部条件的影响，这样在光

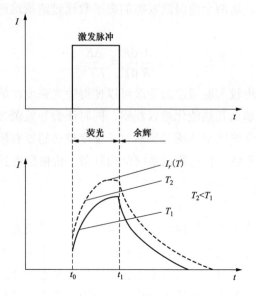

图 2-3　荧光寿命和温度的关系

源电源的稳压控制、光路系统的稳定性上，荧光寿命测温比强度型荧光光纤温度传感器的要求低了很多，从而简化了结构，降低了成本，提高了性能。因此，相比较以荧光强度作为温度传感信号的测温法（荧光强度测温法或荧光强度比测温法）而言，荧光寿命测温法在测温原理上具有明显优势，是目前最佳的荧光光纤测温技术。目前对荧光光纤温度测量系统的研究多采用荧光寿命型，本书着重介绍基于荧光寿命的温度测量方法的相关知识。

2.8　荧光寿命测量方法

用短脉冲光激发荧光体，形成的激发态荧光体随时间而衰变，其衰变率为

$$\frac{dN(t)}{dt}=-(\phi+k)N(t) \tag{2-19}$$

对式（2-19）进行积分，得

$$\int_{N_0}^{N(t)}\frac{dN(t)}{N(t)}=-(\phi+k)\int_0^t d \tag{2-20}$$

$$\ln\frac{N(t)}{N_0}=-(\phi+k)t \tag{2-21}$$

式（2-21）可以写成

$$N(t) = N_0 \mathrm{e}^{-\frac{t}{\tau}} \qquad (2\text{-}22)$$

对于以指数形式衰变的单一荧光体，其发射强度 $F(t)$ 和激发态群分子数 $N(t)$ 成正比，即

$$F(t) = \phi N_0 \mathrm{e}^{-\frac{t}{\tau}} = F_0 \mathrm{e}^{-\frac{t}{\tau}} \qquad (2\text{-}23)$$

如以 $N(t)$ 或 $\lg F(t)$ 对时间作图，可得如图 2-4 所示曲线。荧光寿命可以看成荧光强度衰变至初始值 $1/\mathrm{e}$ 所需要的时间。$\lg F(t)$ 对时间 t 的曲线斜率为荧光寿命倒数的负值 $-1/\tau$。荧光寿命也可以理解为荧光物质分子在激发态的统计平均停留时间。事实上，当荧光物质被激发后，有些激发态分子立即返回基态，有的甚至可以延迟到 5 倍于荧光寿命时才返回基态，这样就形成了实验测定的荧光强度衰减曲线。

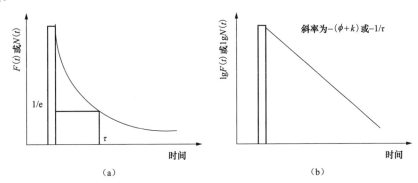

图 2-4　脉冲荧光寿命测量图解

（a）发射强度随时间变化曲线；（b）激发态群分子数随时间变化曲线

研究证明，在不同的环境温度下，荧光寿命也不同。荧光寿命与温度的关系为

$$\tau_{\mathrm{F}}(T) = \frac{1 + \mathrm{e}^{-\Delta E/(kT)}}{R_{\mathrm{s}} + R_{\mathrm{T}} \mathrm{e}^{-\Delta E/(kT)}} \qquad (2\text{-}24)$$

式中　　R_{s}、R_{T}、k、ΔE——常数；

$\qquad\quad T$——绝对温度。

因此通过测量荧光寿命的长短，就可以得知当前的环境温度。应用这一方法，不需要对光强进行精确测量，只要荧光材料选择得当，温度仅由荧光寿命这一本征参数确定。利用荧光寿命长短的设计，一般来说不受光源波动的影响，降低了对控制光源稳定的严格要求，也省去了比率测量处理的设计。

荧光寿命的脉冲测量中通常激励光是高强度的激光脉冲或方波脉冲，通过对

激发后产生的荧光寿命进行检测，从而计算出相应的温度。荧光寿命的测量方法主要有时间常数比较法、积分测量法、数字曲线拟合法、相位和调制测量法及相位锁定测量法五种。

2.8.1 时间常数比较法

时间常数比较法是一种早期开发的基于荧光传感器的方法，其基本原理如图2-5所示。该方法是在激励脉冲停止后，在荧光的衰减曲线上比较两个不同的强度，衰减信号的第一个值 I_0 出现在固定时间 t_1，即激励脉冲终止后，第 2 个值，即 I_0/e 时，时间为 t_2。t_2 和 t_1 的间隔就是指数衰减信号的时间常数 τ。在大多数情况下，荧光衰减处理遵循单一或准单一指数法则，因此时间常数 τ 可以用来测量荧光寿命。

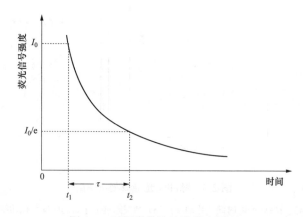

图 2-5　时间常数比较法基本原理

因为荧光信号的测量是在激励脉冲结束后进行的，因此探测器的光学系统在防止激励光的泄漏方面要求不高。该方法的缺点是，由于只测量两个特定时刻的荧光衰减信号值，而未能充分利用整个衰减过程所包含的信息，因而测量精度极为有限。

2.8.2 积分测量法

为了获得脉冲测量的高精度，开发了基于衰减荧光信号在不同区间的积分技术，即积分测量法，其基本原理如图2-6所示。

当衰减荧光信号降到低于某个设定值时，启动测量。该信号在两个固定延迟时间 T_1 和 T_2 内被积分，然后两个积分值 A 和 B 被采样。当信号衰减到零时，积分

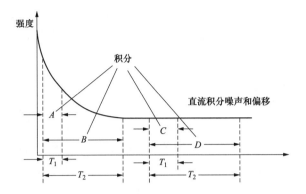

图 2-6 积分测量法基本原理

器复位并重新开始。积分噪声和直流偏移也以相同的固定间隔采样，用 C 和 D 表示，分别等价于 A 和 B 中的噪声和偏移。因此荧光寿命 τ 根据下式得到，即

$$\frac{A-C}{B-D}=\frac{1-\mathrm{e}^{-T_1-\tau}}{1-\mathrm{e}^{-T_2-\tau}} \tag{2-25}$$

另一种积分方法是平衡积分法，其基本原理如图 2-7 所示。第一段为正向积分，其时间长度是固定的，在激励消失了 t_1 时间后开始。这段时间一旦结束，积分器便开始反向积分，直到第 2 段所积的面积与第一段相等，也就是积分器的电荷达到零为止。过零时间 t_3 与时间 t_2 之差是荧光寿命的函数，因而荧光寿命与荧光传感器的温度相关。过零时间 t_3 的测量很容易达到很高的分辨率。

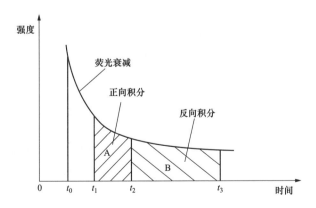

图 2-7 平衡积分法基本原理

这种平衡积分系统，由于没有考虑到直流偏置信号的影响，因此对变化缓慢

的背景信号，无论是光的还是电的，都相当敏感。因而进行平衡积分之前，应尽可能消去信号中的直流分量。另外，与相应的两点测量系统相比，平衡积分系统的动态测量温度范围明显窄一些。

2.8.3 数字曲线拟合法

数字曲线拟合法是通过采用方波激励发光二极管或激光器作为激励光源，传感元件在受到激励后，产生周期性的荧光衰减信号。这个信号经探测后，首先经过一个低噪声宽带放大器，然后再由系统对每一衰减曲线的选定部分数字化。数字化后的采样值经校正后，由 DSP 处理，DSP 将采用线性最小二乘法曲线拟合技术，生成这些数据的最佳指数拟合曲线，如图 2-8 所示。

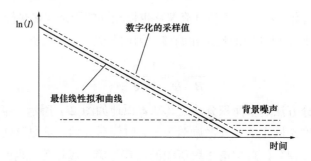

图 2-8　最小二乘拟合方法生成最佳指数拟合曲线

数字曲线拟合法的具体步骤为：首先将数字化的信号值取自然对数，使指数曲线变成直线；然后再进行线性最小二乘拟合。由此产生的最佳拟合直线的斜率将正比于指数衰减的时间常数。为了进一步抑制噪声的影响，还要对许多次曲线拟合的结果求平均。随后再将时间常数的平均值与预先存储的数据对照表比较，确定传感器的温度。

2.8.4 相位和调制测量法

相位和调制测量法的基本原理如图 2-9 所示。激励光的光强按正弦调制，使传感器的荧光响应按相同的正弦规律变化，但在相位上滞后于激励信号，滞后的相移 φ 与荧光寿命 τ 关系为

$$\tan\varphi = 2\pi f\tau \tag{2-26}$$

其中，荧光寿命 τ 可以由相移 φ 测量导出。

由于相位的测量不受直流偏置的影响，而且有多种有效的方法可以抑制正弦

信号中的交流噪声，如采用模拟滤波器、数字滤波器和锁定放大器等，因此这种技术测量精度高，通常用于精密测量仪器系统。

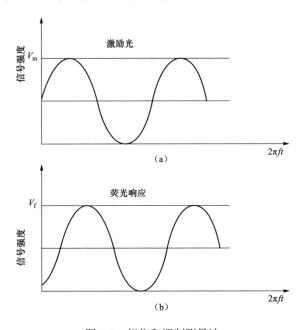

图 2-9　相位和调制测量法

（a）激励光强度曲线；（b）荧光响应强度曲线

与脉冲测量方法不同，在相位和调制测量方法中，荧光与激励光在时间上是不可分的，探测信号中混入的激励光"泄漏成分"对相位测量的影响很大，因此，仪器对滤光片和有关光学装置的要求很高。

2.8.5　相位锁定测量法

相位锁定测量法源于相位和调制测量技术，拟使检测荧光寿命的电子线路方案简单、成本低，并具有通用性。这种测量方法已成功地应用于几种光纤测量系统中。

在相位锁定测量过程中，激励光源受压控振荡器控制按正弦或方波周期性调制。荧光响应信号在强度上随激励光变化，但在相位上滞后，滞后的程度 φ 与荧光寿命的关系见式。该信号将被送往锁定放大器，与一个在相位上与激励调制信号差一固定分比 α 的参考信号相混频。混频后的信号经低通滤波器和积分器后，控制压控振荡器的输出频率。通过这样一个负反馈过程，压控振荡器的输出将趋于并最终稳定在某一频率，此时混频的时间平均值为零，进而积分器的输出增量也为零。这一稳定的周期正比于待测的荧光寿命。这是一个将荧光寿命直接转换为信号周期的方法，可以在很宽的连续变化的荧光寿命测量范围内保持高分辨率。在相位锁定测量系统中，虽然调制频率随着被测的荧光寿命而变，但激励信号与荧光信号之间的相位差却始终如一。该技术的发展经历了下面几个阶段：

（1）简单的振荡器方法。简单的振荡器方法是与锁定测量技术相近的早期方法。在该方法中，通过发出荧光响应信号去控制激励光源的输出，并与其强度形成正反馈，由定时电路放大信号并增加一个相移，该系统以定时电路的时间常数和荧光寿命的组合确定频率振荡。荧光寿命的测量由振荡频率导出，该振荡频率对定时电路的参数漂移敏感。荧光寿命的频率灵敏度也受限于荧光寿命和定时电路的时间常数。

（2）荧光寿命单参考源相位锁定测量。除了压控振荡器为方波调制即激励光是方波调制外，该方法的工作机制如图 2-10 所示。与调制和相移测量方法一样，由于系统需要在激励阶段测量荧光，即使是很少的激励光泄漏到光探测器都将严重降低系统的性能，因此，需要高质量的光学滤波器系统以阻止激励光泄漏。

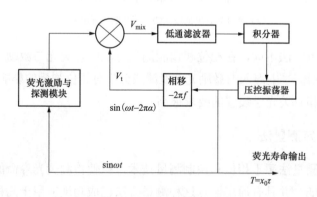

图 2-10　相位锁定测量法工作机制

（3）荧光寿命双参考源相位锁定测量。在该方法中，两个来自压控振荡器的输出参考信号与连续的荧光信号混合，并从混合信号的最后积分中消除激励光泄漏成分，这个混合信号用于控制压控振荡器的振荡频率。理论和实验都证明该技术对激励光的泄漏作用不敏感。因此在荧光寿命锁相监测系统中，不再需要复杂的光学系统。

2.9 影响荧光光纤温度传感的因素

1. 溶剂

同一种荧光物质在不同的溶剂中，其荧光光谱的位置和强度都会有显著的差别，如图 2-11 所示。进行荧光分析实验时需选择合适的溶剂，且要求溶剂达到足够的纯度，以避免溶剂中杂质对被测试样荧光光谱的影响。溶剂的影响可分为一般的溶剂效应和特殊的溶剂效应。一般的溶剂效应是普遍存在的，指溶剂的折射率和介电常数的影响；特殊的溶剂效应取决于溶剂和荧光物质的化学结构，指荧光物质和溶剂分子的特殊化学作用，如溶剂和荧光物质形成了化合物或溶剂使荧光物质的电离状态发生了改变。特殊的溶剂效应

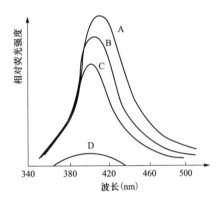

图 2-11 同一种荧光物质在不同溶剂中荧光谱

所引起的荧光光谱移动值往往大于一般的溶剂效应所引起的移动值。

2. 温度

温度对分子的扩散、活化、分子内部能量转化均有一定的影响。通常，随着温度的降低，荧光物质溶液的荧光量子产率和荧光强度将增大。如图 2-12 所示，随着温度上升，硫酸铀酰的硫酸溶液、罗丹明 B 的甘油溶液的荧光量子产率均下降，而吸收光谱和吸收能力无多大改变。若物质分子结构随着温度的变化而变化，

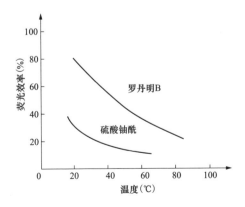

图 2-12 荧光量子产率与温度的关系

45

则对吸收光谱的影响较大，如当罗丹明 B 的异丁醇溶液在温度上升时，不仅光量子产率下降，而且吸收光谱也发生明显变化。

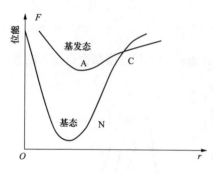

图 2-13　分子内部能量转化的位能曲线

溶液的荧光强度随温度的上升而下降的主要原因是分子的内部能量转化作用。多原子分子的基态和激发态的位能曲线可能相交或相切于一点，分子内部能量转化的位能曲线如图 2-13 所示。

当激发态分子接收到额外热能而沿激发态位能曲线移动至交点 C 时，则转换至基态的位能曲线 NC 时激发能转换为基态的振动能量，随后又通过振动松弛而丧失振动能量。

溶液的荧光强度和温度的关系曲线可用下列方程表示，即

$$\frac{F_0 - F}{F} = k\mathrm{e}^{-E/RT} \tag{2-27}$$

式中：E 为激发分子转移至基态曲线时所必须得到的额外热能，即激发热能。E 值大小相当于图中 A 至 C 的高度，试验求得的 E 值通常为 $16.8\sim30.4\mathrm{kJ}$，约为由分子的红外光谱所求得的振动能量的 2 倍。

当溶液中没有猝灭剂时，荧光量子产率大小与辐射过程及非辐射过程的相对速率有关。辐射过程的速率不随温度而变，因此荧光量子产率的变化反映了非辐射过程速率的改变。随着溶液温度的降低，介质的黏度增大，从而使荧光物质分子与溶剂分子的碰撞猝灭机会减小。当溶液中有猝灭剂时，若荧光猝灭作用是由与荧光物质分子和猝灭分子之间的碰撞引起的，则荧光强度将随温度升高而增强。

3. pH 值

荧光物质具有弱酸或弱碱性时，溶液 pH 值的改变将对荧光光谱和荧光强度产生很大的影响，可用来提高荧光分析法的选择性。

由于弱酸或弱碱分子和它们的离子在电子构型上有所不同，因此对与荧光性质而言可视为不同的型体，各具有自己特殊的荧光量子产率和荧光光谱，它们的荧光强度呈现显著的差异。对于金属离子与有机试剂形成的荧光络合物，溶液 pH 值的改变将会影响到该发光络合物的稳定性和组成，从而影响它们的荧光性质。

4. 氢键

荧光物质和溶剂或其他溶质之间产生的氢键有两种情况：一种是在激发之前基态的荧光物质分子与溶剂或其他溶质分子产生氢键配合物，此时吸收光谱和荧

光光谱都受氢键的影响；另一种是在激发之后由激发态的荧光物质分子与溶剂或其他溶质分子产生激发态的氢键配合物，此时只有荧光光谱受氢键的影响。

5. 表面活性剂

表面活性剂由极性首基连接长链尾部组成，具有明显的亲水和疏水部分。当水溶液中表面活性剂的浓度大到临界胶束浓度时，表面活性剂分子便动态地缔合形成聚集体，成为胶束，胶束通常很小。表面活性剂的胶束水溶液光学上透明、稳定，光化学上是非活性的，对荧光测定具有增容，增敏、增稳等特点。在胶束存在下，某些极性小、难溶于水的物质溶解度明显增大，可在胶束水溶液中进行分析。胶束水溶液中荧光的增强是量子产率和激发波长上荧光物质对激发光的摩尔吸收光系数增大的总效果。

6. 光解作用

用能量较大的激发光照射荧光物质，可能引起某些荧光物质发生光化学变化而受到破坏，使荧光强度信号随着光照射时间增加而逐渐下降。对某些光活性物质及在稀溶液情况下，光化学分解所造成的影响尤其严重。通常采取由波长较长的入射光作激发光、缩短激发光照射时间、降低激发光强度及提高检测器的灵敏度等措施减小光解作用的影响。

综合上述影响荧光光纤传感的因素，基于变压器绕组测温的特性，在变压器绕组测温系统中，要求荧光材料尽量选择粉末状、温度敏感范围与要求的测温范围相匹配、荧光强度高并具有简明的荧光时间衰减特性、荧光寿命较长的荧光材料；光源上尽量选择性能稳定、易于与光纤耦合、体积小、耗能少、质量轻、抗振能力强、使用寿命长等特点的光源；同时，光纤应选择对波长范围确定的激发光和荧光有较高传输效率并且不易折断的光纤为主；另外，光电探测器要求对荧光波长具有较高的光谱灵敏度、响应时间长、稳定性高、线性度好的探测器；不仅如此，还要充分考虑变压器内部构造以及环境影响，选择适当的铺设方法和耦合方式，以达到多点测量、实时、稳定、准确监测的目的。

第3章 荧光光纤测温系统

3.1 概述

根据前两章的理论及实验分析，本章设计了一套基于荧光光纤温度测量技术的变压器内部温度监测系统。介绍了测温探头的结构、荧光粉的选择制备、光路、贯通器和电路的设计方案，以及软件设计和数据处理方法。

3.2 测温系统构成

整个荧光光纤测温系统主要由温度解调仪、外部光纤、贯通器、内部光纤组成，其结构示意图如图 3-1 所示。变压器内、外侧光纤与法兰盘连接处结构示意图如图 3-2 所示。监控电脑配合专用软件对变压器绕组及铁芯等位置进行温度的采集和监控，通过组网可将各个站点的设备信息、温度信息的存储，方便以后的数据调用和观察。

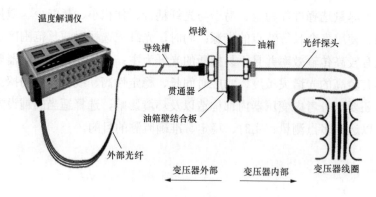

图 3-1 荧光光纤测温系统结构示意图

温度解调仪主要由光脉冲触发部分、光电转换、微弱信号放大、计算机软件处理及网络等几个主要部分组成。荧光光纤传感探头和光导纤维直接连在一起，成为光纤一部分。其实际被制成在光纤的一端，这端的端部有一层受光照射后能

48

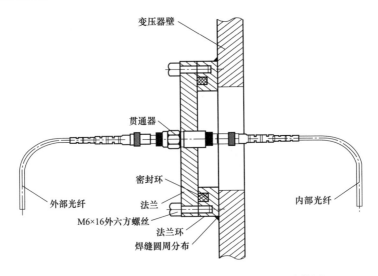

图 3-2　变压器内、外侧光纤与法兰盘连接处结构图

发出荧光的特殊荧光粉，测量时光纤荧光传感探头与被测对象固定在一起，实现对不同温度点的直接接触测量。荧光光纤传感探头、外部光纤、贯通器及光电转换部分之间通过传导光纤连接，从而很好地实现对强磁场、强电场的隔离，具有高的绝缘强度和抗强电磁场的能力。在温度解调仪内部经多级放大处理后的微弱信号，通过同轴电缆传输到计算机上，从而大大延长了测温距离。

3.3　测温系统工作原理

变压器绕组热点温度光纤在线监测系统由荧光光纤温度传感器、荧光光纤温度调制解调系统、光信号传输光纤、光纤连接适配器、光纤耦合透镜、在线监测仪软件、温度显示及控制、报警系统等部件及配套法兰、贯通器等组成。测温系统组成示意图如图 3-3 所示，该测试系统是通过测量稀土荧光的固有参数而确定的，不会因为光纤的物理变化而变化，所以该系统是一个无需校验的系统。其原理是当 LED 光源发出的光脉冲通过光纤送到与绕组接触的温度传感器时，该脉冲激励传感器的荧光材料，使其产生波长较长的荧光，根据返回荧光的衰减时间测出该传感器的温度，然后通过处理，显示出温度值和有关系统参数，并同时将温度信息传输到控制室。该系统可在变压器处于峰值负载和紧急超铭牌容量运行时提供精确的绕组温度，并可使变压器根据测出的绕组实际温度及时调整负载。

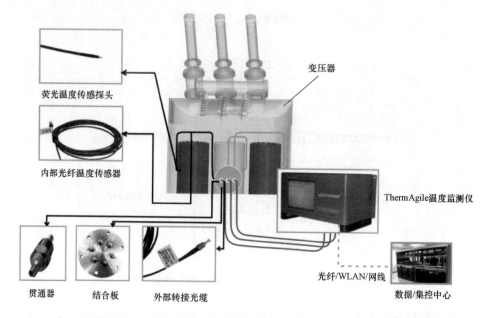

图 3-3　测温系统组成示意图

3.4　激发光源

激发光源是荧光光纤温度传感器的一个重要组成部分。光源的作用是激发荧光材料发射荧光，因此光电探测器的选择直接影响光纤测温光源的质量测量的各项指标。在荧光光纤温度测量系统中，激发光源的选择应遵循以下原则：

（1）根据荧光材料的最佳激发波长选择具有最佳激发光谱范围的光源。在实际应用中，荧光通常是很弱的信号，为了获得足够的信噪比，应尽量提高荧光产生效率，影响荧光效率的因素很多，但激发波长是其中最主要的因素之一。

（2）为了使荧光材料得到充分激发，光源必须有足够的发光强度。在实际工作中，不常使用很强的光源，因为光源强度增加就会产生较强的热效应和散射光，温度增加使荧光强度减弱，散射光增加也会影响荧光强度的测定；强光源辐射有时还会引起荧光物质的光分解，使被测物变性；强光源所需稳压装置复杂，费用昂贵。

（3）光源稳定性要求较高，以便满足测量的准确度和精密度的要求。

（4）所选光源应易于与光纤耦合。

（5）光源的价格、尺寸、结构、使用条件、安全性、寿命也应予以考虑等。

此外，应要求光源具有体积小、耗能少、质量轻、抗振能力强、使用寿命长等特点。通常作为荧光温度传感系统的光源有发光二极管、半导体激光器和脉冲氙灯等。

由于在荧光测温系统中用作敏感元件的荧光材料的种类很多，不同的荧光材料有着不同荧光发射波长，也就是有不同的激发波长，这就需要不同的激发光源。光纤传感器的工作环境特殊，要求光源的体积小，便于和光纤耦合，光源发出的光波长应适合，以减少在光纤中传输的能量损耗。光源要有足够的亮度。此外要求光源的稳定性好，能在室温下连续长期工作，还要求光源的噪声小和使用方便等。目前作为光纤传感系统的光源有脉冲氙灯、激光器和半导体光源等。下面介绍几种常用的光源。

3.4.1　半导体光源

在光纤传感系统中用得较多的是半导体光源。半导体光源是利用 PN 结把电能转换成光能的半导体器件，它具有半导体器件的体积小、质量轻、结构简单、使用方便、效率高和工作寿命长等优点，只要简单地改变通过器件的电流，就能将光进行各种调制，而且与光纤相容，因此在光纤传感器和光纤通信中得到广泛应用。半导体光源主要有半导体激光器和半导体发光二极管。

如图 3-4 所示为半导体光源的光功率与正向电流的关系曲线。工作在荧光区的半导体光源称为半导体发光二极管；工作在激光区的半导体光源称为半导体激光二极管。

半导体光源分为发光二极管（Light-Emitting Diode，LED）和半导体激光器（Laser Diode，LD）。LED 和 LD 的共同特点是体积小、重量轻、功耗低。它们的

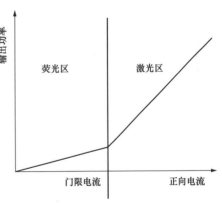

图 3-4　光功率与正向电流的关系曲线

区别主要表现在：LD 输出是相干光，谱线窄，出纤功率大；LED 输出非相干光，谱线宽，出纤功率小；但 LED 有输出特性线性好，使用寿命长，成本低，光纤接头等波导不连续处反射引起的干涉噪声小等优点。半导体发光二极管产生的是非相干荧光，其谱线较宽，辐射角也较大，输出功率比较小，一般光功率峰值最多几十毫瓦。LED 运行电流密度小，管子寿命长，而且输出光功率—电流特性曲线

的线性度极好，使用非常简单，并且价格低廉，因此在低速率的数字通信系统和较窄带宽的模拟通信系统中，LED 是最佳选择。

在光纤系统中采用的 LED 明显地不同于熟悉的显示半导体器件（如数码管等），而是特别地强调它与光纤最佳耦合的高亮度、高速率和高可靠性，因此，通常采用输出功率大的双异质结构的二极管。发光二极管一般都是采用晶体材料制作，使用最广泛的是砷化镓—铝镓砷材料系。其发光光谱在波长为 0.8～0.9μm。如果为了使光纤具有最佳的传输特性，即波长范围在 1.0～1.3μm 的红外区域，则应使用铟镓砷或铟镓磷砷材料制作。

LED 主要有 5 种结构，但是在光纤通信中广泛应用的有两种，即面发光二极管（Surface Light-Emitting Diode，SLED），边发光二极管（Edge Light-Emitting Diode，ELED）。面发光二极管常将光发射到一个很宽的接近兰伯特空间锥的范围内，且一般具有超过 50μm 的发光直径，因此常用作多模光纤光源。SLED 的热阻较小，能在很高的电流密度下工作，具有高的内部效率，在 100mA 驱动电流时，可有几个毫瓦的功率输出，但其缺陷是光束发散角大，与多模光纤耦合时，进入光纤的功率小于几百微瓦。SLED 的调制速率不能太高，一般小于 20MHz。边发光二极管发出的光平行于 PN 结平面，其功率比 SLED 小，其发散角也小，与光纤耦合效率较高，响应频率已达 50～100MHz。所有发光二极管的输出功率和波长都随着温度的变化而变化，在 850nm 时，输出功率和波长的典型温度系数分别为 0.5%/℃和 0.3%/℃。在对光源要求较高的情况下，常采用光反馈等方法使其稳定。

LED 的输出光功率 P 与电流 I 的关系，即 P-I 特性曲线如图 3-5 所示。由于 LED 是非阈值器件，发光功率随工作电流增大，并在大电流时逐渐饱和。LED 的工作电流通常为 50～100mA，这时偏置电压为 1.2～1.8V，输出功率约几毫瓦。

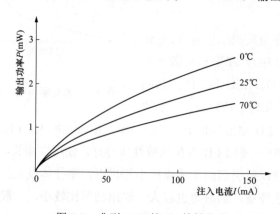

图 3-5　典型 LED 的 P-I 特性曲线

工作温度升高时，同样的工作电流下 LED 的输出功率下降。例如，当温度从 20℃升高到 70℃时，LED 输出功率下降约一半，温度对 LED 的影响要比 LD 小。

半导体激光器既具有半导体器件的特点，又具有激光的单色性、相干性、方向性好和亮度高的特点，是光纤系统的理想光源。半导体发光二极管与半导体激光器在结构上很相近，它们的分界点是阈值电流。在半导体发光二极管上加上由晶体解理面构成的光学谐振腔，提供足够的光反馈，当电流密度达到阈值以上时，就产生了激光输出。半导体激光器也有同质结的、异质结的和双异质结的，有脉冲状态工作的，也有能在室温下连续工作的。

LD 的 $P\text{-}I$ 特性曲线如图 3-6 所示。随着激光器注入电流的增加，其输出功率也在增加，但是并不是呈直线的关系，而是存在一个阈值电流 I_{th}。只有当注入电流大于阈值电流后，输出光功率才随注入电流的增加而增加，发射出激光，当注入电流小于阈值电流时，LD 发出光谱很宽，相干性很差的自发辐射光。

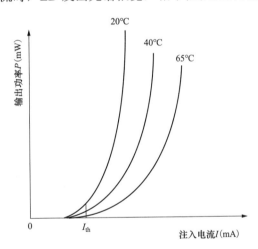

图 3-6　半导体激光器的 $P\text{-}I$ 特性曲线

$P\text{-}I$ 的特性随器件的工作温度而变化。当温度升高时，激光器的特性发生劣化，阈值电流也会升高，阈值电流与温度关系可表示为

$$I_{th}(T) = I_0 \, \mathrm{e}^{\frac{T}{T_0}} \tag{3-1}$$

式中　T_0——器件的特性温度，T 和 T_0 用绝对温度表示；

　　　I_0——$T=T_0$ 时阈值电流的 $1/\mathrm{e}$。

$P\text{-}I$ 的特性随器件的工作温度而变化。当温度升高时，激光器的特性发生劣化，阈值电流也会升高，阈值电流与温度关系可表示为

$$I_{th}(T) = I_0\, \mathrm{e}^{\frac{T}{T_0}} \tag{3-2}$$

式中：T_0 称为器件的特性温度，T 和 T_0 用绝对温度表示，I_0 为 $T=T_0$ 时阈值电流的 1/e。

一般的 LD 具有如下基本功能：

（1）阈值特性。要得到净光子就必须要有足够的电流，因此 LD 的驱动激光器电流只有达到某一强度，LD 才会出激光。这时的驱动电流即为阈值电流。

（2）LD 的模结构。LD 的谐振腔是利用半导体发光晶体的天然解理面激光器构成的 F-P 腔。在一个长度为 L，腔中介质折射率为 n 的矩形腔中，满足谐激光器振(驻波)的波长有很多，即满足下式的波长都可以谐振。

$$\frac{\lambda}{2n}m = L \qquad m=1,\ 2,\ \cdots \tag{3-3}$$

每一种振荡模式为一个纵模。一般条件下 LD 是多纵模的结构。纵模的多少取决于 F-P 腔的模间隔 $\Delta\lambda$ 和增益分布的宽度。由式（3-3）可知

$$\Delta\lambda = \frac{\lambda^2}{2nL} \tag{3-4}$$

如果考虑活性介质的色散，$n = n_0 - \lambda\left(\dfrac{\mathrm{d}n}{\mathrm{d}\lambda}\right)$，则式（3-4）变为

$$\Delta\lambda = \lambda^2 \left/ \left[2L\left(n_0 - \lambda\frac{\mathrm{d}n}{\mathrm{d}\lambda}\right)\right]\right. \tag{3-5}$$

式（3-5）中的等间隔分布可能变成一种非等间隔的分布。由于活性介质的增益分布是温度变化的，实验表明中心波长的温度变化率为 0.3～0.5nm/K。每个纵模的中心波长也有温度漂移，温度变化 ΔT。环境温度涨落还会引起 F-P 腔长的变化，引起各纵模中心频率的漂移，即模式竞争。

（3）单纵模激光器（Single Longitudinal Mode Laser Diode，SLMLD）。SLMLD 就是采用某种措施使得多纵模中的一个模存在，其他的纵模被抑制掉，形成一种光强、波长都很稳定的光源。比较成功的方法是分布式反馈激光器（Distributed Feedback Laser，DFB），这种 DFB 的阈值电流一般比普通的 LD 的要小，中心波长可以通过改变注入电流来调节，是光纤荧光温度传感器的主要候选光源。

3.4.2 脉冲氙灯

氙灯可以工作在连续波方式和脉冲方式。作为荧光的激发光源，通常工作在脉冲方式。氙灯的典型光谱分布为 200nm 到 1100nm，具有很宽的光谱。作为荧

光激发光源需要加滤光片，根据敏感材料选择一个特定的波长。

脉冲氙灯可以分为两种基本形式，线性脉冲氙灯和短弧脉冲氙灯。线性脉冲氙灯是一个圆柱玻璃管，内有 2 个电极，它的最大优点是有各种大小和波形因数的可选。弧长可以从 1 英寸到 8 英寸，在适当的冷却条件下，线性氙灯具有很高的能量，可以产生的脉冲宽度从 $20\mu s \sim 10ms$。除了典型弧间隔为 $1 \sim 3mm$，短弧氙灯类似于线性氙灯，更短的弧长允许氙灯产生更短的光脉冲，典型的从 $1 \sim 20\mu s$。在光纤传感系统中，通常使用短弧氙灯作为光源。由于氙灯具有很高的发光强度，早期的荧光温度检测系统采用氙灯，但是其寿命、成本和体积，是作为仪器使用的光源的障碍，与 LD 和 LED 无法比拟。

3.5　光纤

3.5.1　光纤的结构

光纤是以高折射率的光学玻璃作为芯体材料和低折射率的光学玻璃为外包层材料拉制而成的柔性细丝，可以使各种强度的光封闭在纤维内并沿着任意曲折的光路进行传输，光纤的结构和材料决定了光纤的传输特性。一般由位于中心的石英和位于外侧的纤芯、包层、涂敷层与护套构成，是一种具有多层介质结构的对称柱体光学纤维。光纤的剖面结构示意图如图 3-7 所示。其中光纤的主体是纤芯和包层，它们在光波的传输中起着主要的作用。涂敷层与护套则主要用于隔离杂光，以及保护光纤免受外界的腐蚀磨损等。在有些特殊应用场合光纤不加涂敷层与护套，为裸体光纤，简称裸纤。

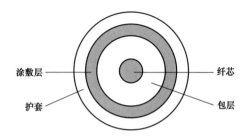

涂敷层　　　　　　　纤芯

护套　　　　　　　　包层

图 3-7　光纤剖面结构示意图

纤芯的折射率较高，直径一般为 $5 \sim 75\mu m$，材料的主要成分为 SiO_2，其中掺杂极微量其他材料，如 GeO_2、P_2O_5 等，加入这些物质可以提高纤芯的光学折射本。

包层的主要成分一般也是 SiO_2，它紧贴着纤芯，在包层中一般添加微量的 B_2O_3 或 Si_2O_4，这样可以降低光学折射率。在正常情况下包层可以是一层，也可以根据需要是折射率稍有差异的二层或多层。包层总直径一般为 $100 \sim 200 \mu m$。涂敷层的材料一般为环氧树脂或丙烯酸盐，用于隔离杂光以及增加光纤的耐老化特性。护套的材料一般为 PVC 等其他有机材料，用于增加光纤的机械强度，保护光纤。

光纤常用的分类方式有：按照光纤横截面上的折射率分布、光纤的传输总模数、光纤的材料、光纤的制作方法、光纤的工作波长等分类。

1. 按照光纤横截面上的折射率分布分类

光纤可以分为阶跃型光纤（又称均匀光纤或突变型光纤）和渐变型光纤（又称非均匀光纤或梯度型光纤）两种。

（1）阶跃型光纤。阶跃型光纤纤芯的折射率和包层的折射率为均匀的常数。纤芯到包层的折射率是突变的，只有一个台阶，所以称为阶跃型光纤。其折射率分布如图 3-8 所示。

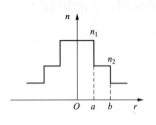

图 3-8　阶跃型光纤的折射率分布

折射率分布可以表示为

$$n = \begin{cases} n_1 & r \leqslant a \\ n_2 & a < r \leqslant b \end{cases} \quad (n_1 < n_2) \tag{3-6}$$

式中：r 为光纤的径向坐标；a 为纤芯半径；b 为包层半径。

阶跃型光纤的模间色散高，传输频带不宽，传输速率不高，用于通信不够理想，只适用于短途低速通信。但单模光纤的模间色散很小，所以单模光纤都采用突变型。

（2）渐变型光纤。光纤纤芯的折射率 n_2 随着半径加大而减小，包层折射率为均匀的光纤属于渐变型光纤。其折射率分布如图 3-9 所示。

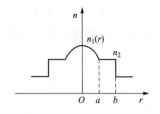

图 3-9　渐变型光纤折射率分布

折射率分布可以表示为

$$n = \begin{cases} n_1[-\Delta \cdot f(r/a)]^{1/2} & r \leqslant a \\ n_2 & a < r \leqslant b \end{cases} \quad (n_1 > n_2) \tag{3-7}$$

式中：Δ 为光纤纤芯与包层的相对折射率差，可以表示为

$$\Delta = \frac{n_1^2 - n_2^2}{2n_1^2} \tag{3-8}$$

相对折射率差决定了光纤端面的受光能力和光纤对光的约束能力。渐变型光纤模间色散较小，传输频带宽，可以增加传输距离，但成本较高。

2. 按照光纤的传输总模数分类

光是一种电磁波，在光纤中传播的光遵从麦克斯韦方程组，波导场方程为

$$\nabla^2 \psi + \chi^2 \psi = 0 \qquad (3-9)$$

式中：ψ 为光波的电场矢量 $\boldsymbol{E}$ 和磁场矢量 $\boldsymbol{H}$ 的各分量，在直角坐标系中表示为

$$\psi = \begin{bmatrix} E(x,y) \\ H(x,y) \end{bmatrix} \qquad (3-10)$$

式中：x 为光波的横向传播常数，为波失 κ 的横向分量，即为

$$x = (n^2 k_0^2 - \beta^2)^{1/2} \qquad (3-11)$$

式中：$k_0 = 2\pi / \lambda_0$ 为光波在真空中的波数；β 为纵向传播常数，为波失 κ 的纵向分量，定义为

$$\beta = n k_0 \cos \theta_z \qquad (3-12)$$

式中：θ_z 为波失 κ 与 z 轴的夹角。

光波场方程有很多线性无关的解，每一个特解代表一个模式，简称模。所有模式在光纤中线性叠加。

光功率限制在纤芯中传播的光波场为传输模。在包层中传播的光波场为泄漏模。在纤芯和包层中均为传输场的为辐射模，此时光纤的纤芯和包层的界面上不满足全反射条件，波导处于截止状态。

根据光纤中传输模式的多少，可以将光纤分为单模光纤和多模光纤。

（1）单模光纤。单模光纤从理论上讲只能传一种模式的光（基模）。纤芯直径通常在 4～10μm，包层直径为 125μm。单模光纤只传输基模，所以模间色散很小，适用于大容量、远程通信。

（2）多模光纤。多模光纤纤芯直径较大，一般为 50～105μm，包层直径为 100～200μm，可传多种模式的光。但其模间色散较大，这就限制了传输数字信号的频率，而且随距离的增加会更加严重。因此，多模光纤只能进行短程传输。

多模光纤分为阶跃型多模光纤和渐变型多模光纤。

单模光纤和多模光纤只是一个相对的概念。每一个规格的光纤都有特定的截止波长，对于一根确定的光纤，当工作波长大于截止波长时，光纤为单模光纤，反之为多模光纤。

3. 按制造光纤制作材料分类

按照制作光纤所采用的材料可以将光纤分为石英光纤、塑料包层石英光纤、多组分玻璃光纤和全塑光纤。

石英光纤的纤芯和包层由二氧化硅以及少量掺杂制成。具备损耗较低，强度大、可靠性高等优点，应用最为广泛。

4. 按照光纤制作方法分类

光纤常用的制作方法有：化学气相沉积法（Chemical Vapor Deposition，CVD）、等离子体激活化学气相沉积法（Plasma Chemical Vapor Deposition，PCVD）和管外气相氧化法（Onside Vapor Phase Oxidation Process，OVPOP）等。

5. 按照光纤的工作波长分类

光纤按工作波长分类，可分为有短波长光纤、长波长光纤和超长波长光纤。短波长光纤的波长范围为 $0.8 \sim 0.9 \mu m$，长波长光纤的波长范围为 $1.0 \sim 1.7 \mu m$；超长波长光纤的波长范围在 $2 \mu m$ 以上。

3.5.2 光纤的传光原理

光纤的传光原理包括子午光线的传播和斜光线的传播。

子午面为通过光纤中心轴的平面，位于子午面内的光线称为子午光线，子午光线全反射示意图如图 3-10 所示。n_0 为光纤周围媒介的折射率，n_1 为纤芯的折射率，n_2 为包层的折射率，为了使光能完全限制在光纤内传输，应该使临界角 φ_0 不大于光线在包层—纤芯分界面上的入射角 φ，即

$$\varphi_0 = \arcsin\left(\frac{n_2}{n_1}\right) \leqslant \varphi \tag{3-13}$$

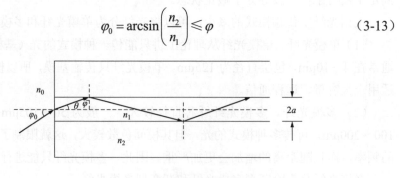

图 3-10 子午光线全反射示意图

由图 3-10 可知，$\theta_0 = 90° - \varphi_0$，再利用 $n_0 \sin\varphi = n_1 \sin\theta$，可得

$$n_0 \sin\varphi_0 = n_1 \sin\theta_0 = \sqrt{n_1^2 - n_2^2} \tag{3-14}$$

入射角 φ_0 称为孔径角，它反映了光纤集光能力的大小。NA 定义为光纤的数值孔径，表示为

$$NA = n_0 \sin \varphi_0 = \sqrt{n_1^2 - n_2^2} \tag{3-15}$$

斜光线为不在子午面内的光线。斜光线的全反射条件为

$$\cos \gamma \sin \theta = \sqrt{1 - (n_2 / n_1)^2} \tag{3-16}$$

利用折射定律 $n_0 \sin \varphi = n_1 \sin \theta$，得光纤中传播的斜光线应满足

$$\cos \gamma \sin \theta \leqslant \sqrt{\frac{n_1^2 - n_2^2}{n_0}} \tag{3-17}$$

斜光线的数值孔径为

$$NA = n_0 \sin \varphi_a \leqslant \sqrt{\frac{n_1^2 - n_2^2}{\cos \gamma}} \tag{3-18}$$

子午光线的数值孔径比斜光线的数值孔径小。

3.5.3　光纤的传输特性

1. 光纤的传输损耗

光波在光纤中传输时，是以全反射形式传输的，按理论来说无损耗的传输，但是由于光纤材料本身对光波的吸收和散射、光纤在制作时的结构缺陷和弯曲及光纤间的耦合不完善等原因，导致光功率随传输距离按一定的规律衰减，这种现象称为光纤的传输损耗，光纤的损耗是光纤重要的传输特性之一。

引起光纤损耗的原因有多种，其损耗机理也比较复杂，有来自光纤本身的损耗，也有光纤与光源的耦合损耗以及光纤之间的连接损耗等。光纤本身的损耗主要有吸收损耗、散射损耗和辐射损耗 3 种。吸收损耗是由光纤材料本身对光的吸收而造成的。光纤的吸收损耗主要有紫外吸收损耗、红外吸收损耗和杂质吸收损耗。由于光纤材料疏密的不均匀而使光向各个方向散射的称为散射损耗。散射损耗有两种，一种是瑞利散射，另一种是非线性散射。瑞利散射损耗是光纤材料 SiO_2 的本征损耗，是材料折射尺度的随机不均匀性引起的。而辐射损耗是由光纤几何形状的微观和宏观扰动引起的。一般情况下，辐射损耗对光纤损耗的影响不大，决定光纤损耗的主要吸收损耗和散射损耗。自从发现光纤以来，人们在降低光纤损耗方面做了大量的研究工作，$1.31 \mu m$ 和 $1.55 \mu m$ 的光纤损耗分别在 $0.5 dB/km$ 以下和 $0.2 dB/km$ 以下，这个数量级接近了光纤损耗的理论极限。

2. 光纤的色散

色散是表示光纤传输特性的另一个重要参数。所谓色散是指脉冲信号在光纤中传输时由光纤的折射率分布、光纤材料的色散特性、光线中的模式分布以及光源的光谱宽度等因素决定的延迟畸变。光纤色散的存在将直接导致光信号在光纤传输过程中的失真。在数字光纤通信系统中，光纤色散将使光脉冲在传输过程中随着传输距离的增加而逐渐展宽。因此，光纤色散对光纤传输系统有着非常不利的影响，限制了系统的传输速率和传输距离的增加。在光纤中，不同速率的信号传过同样的距离所需的时间不同，从而产生时延差，时延差越大，色散越严重，因而可用时延差表示色散程度。

光纤色散包括材料色散、波导色散、模间色散、偏振色散。

（1）材料色散。材料色散是指材料本身的折射率随光信号频率而变化，造成信号的频率群速不同而引起的色散。

（2）波导色散。出于光纤的表面结构、材料的相对折射率差等多方面的原因，有一部分光会进入包层内传播，其速度要比在纤芯中传播快，所以将这种由于某一传输模的群速度随光波长而变化所引起的脉冲展宽称为波导色散。对于单模光纤，波导色散的作用不能忽略。它的大小可以与材料色散相比拟。

材料色散和波导色散发生在同一模式内，所以统称为模内色散。对多模传输，材料色散相对较小，波导色散一般可以忽略。而对于单模传输，材料色散占主导地位，波导色散较小。一般情况下，由于光源不是单色的，并且总有一定的谱宽，这就增加了材料色散和波导色散的严重性。

（3）模间色散。在多模光纤中，各模式在同一频率下有着不同的群速度，在传输过程中，不同模式的光束的时延差不同而产生的色散称为模间色散。模间色散主要存在于多模光纤中，单模光纤中没有模间色散。

（4）偏振色散。偏振色散是由于信号光的两个正交偏振态在光纤中的传播速度不同而引起的。它也是光纤的重要参数之一。

3.6　测温探头

3.6.1　测温探头结构

光纤的探头在荧光温度测量系统中是很关键的部位，探头的性能和结构决定了传感器性能的好坏。测温探头采用光纤制作，光纤具有完全的电绝缘性，不受高压电场和磁场干扰的影响，适用于电力行业进行温度测量，并且光纤的直径也非常小，利于安装。

荧光探头的种类很多，大体有以下分类：

（1）根据入射光和出射光的传播方向可分为反射式探头和透射式探头。

（2）根据探头内部光纤的数量可分为单光纤测量探头和多光纤测量探头。

（3）根据探头的形状可分为半圆形探头、等腰 H 角形探头、半满球形探头。

（4）根据与被测物表面是否接触，荧光探头可分为接触式和非接触式。

每种荧光探头又分为传光型和传感型：

（1）传光型荧光探头是把荧光物质直接涂覆或黏接在被测物体表面或光纤探头端部，由荧光物质感受环境温度的变化而产生随温度变化的荧光光谱，光纤用来传输产生的荧光。基于这种原理的传感器灵敏度比较低，但结构简单、抗干扰性能好，在实际中应用较多。在实际应用中，单光纤测温探头应用较多，而且可以制造成很小的体积，能适合特殊场合的需求。因为荧光材料有晶状和粉状两种类型，所以，传光型的荧光探头也有晶状和粉状两种结构类型，其结构示意图分别如图 3-11 和图 3-12 所示。

图 3-11　晶状荧光材料传感探头结构示意图　　图 3-12　粉状荧光传感探头结构示意图

（2）在光纤中掺杂荧光物质作为温度敏感部分就构成了传感型光纤传感器，利用其本身具有的物理参数随温度变化的特性检测温度。比如，掺入稀土元素的光纤就成为一种敏感材料，其温度灵敏度比较高，但由于光纤对一些其他特性（比如应力、振动等）的敏感性，影响了其精度和稳定性。

在传光型荧光探头的内部，荧光物质与光纤端面的接触并不理想，这会造成一些光能损失，造成测量误差。因此，需要使用透光性很好的光学胶和外保护套装置，这将使荧光探头的热惯性变大，降低响应的实时性。在这种情况下，传感型光纤探头不受这些因素的影响。在制作光纤时把荧光感温物质掺入光纤制作成特种光纤或通过特殊加工把光纤与晶状荧光物质（如红宝石、蓝宝石等）结合在一起，这样就不必考虑热惯性的影响了。以蓝宝石光纤传感探头为例，这种光纤探头的制作过程是以一段直径为 1mm 的蓝宝石光纤为子晶，再以另一段直径为 2mm 红宝石单晶光纤为原棒，通过调节激光功率和生长速度，可以生长出结合良好、端部掺杂红宝石的蓝宝石单晶光纤，蓝宝石光纤传感探头制作示意图如图 3-13 所示，光学模块示意图如图 3-14 所示。

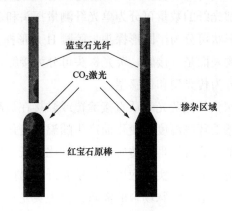

图 3-13　蓝宝石光纤传感探头制作示意图

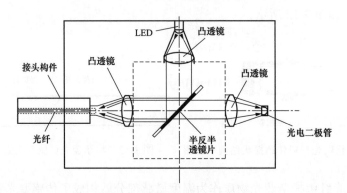

图 3-14　光学模块示意图

3.6.2　光纤材料选择

光纤作为向荧光物质传输激励光源的通路，同时传送荧光物质受激产生的荧光，输送到光电转换电路。依据国际电工委员会标准 IEC 60793-1-1：2017《光纤 第 1-1 部分：测量方法和试验程序　总则和指南》中光纤的分类方法，按光纤所用材料、折射率分布形状、零色散波长等因素光纤被分为 A 和 B 两大类：A 类为多模光纤，B 类为单模光纤。A 类多模光纤和 B 类单模光纤的分类分别见表 3-1、表 3-2。

表 3-1   A 类多模光纤分类

类别	材料	类型	折射率分布指数 g 极限值
A1	玻璃芯/玻璃包层	梯度折射率光纤	$1 \leqslant g < 3$
A2.1	玻璃芯/玻璃包层	准阶跃折射率光纤	$3 \leqslant g < 10$
A2.2	玻璃芯/玻璃包层	阶跃折射率光纤	$g \geqslant 10$
A3	玻璃芯/塑料包层	阶跃折射率光纤	$g \geqslant 10$

表 3-2   B 类单模光纤分类

类别	类型	零色散波长标称值（nm）	工作波长标称值（nm）
B1.1	非色散位移光纤	1310	1310 和 1550
B1.2	截止波长位移光纤	1310	1550
B1.3	波长段扩展的非色散位移光纤	1300～1324	1310、1360～1530、1550
B2	色散位移光纤	1550	1550
B3	色散平坦光纤	1310 和 1550	1310 和 1550
B4	非零色散位移光纤	＜1530，＞1625	30～1625

多模光纤种类如下：

（1）梯度型多模光纤。梯度型多模光纤包括 A1a、A1b、A1c 和 A1d 四种类型。它们可由多组分玻璃或掺杂石英玻璃制得。为降低光纤衰减，制备梯度型多模光纤选用的材料纯度比大多数阶跃型多模光纤材料纯度高得多。正是由于折射率呈梯度分布和更低的衰减，所以梯度型多模光纤的性能比阶跃型多模光纤性能要好得多。一般在直径相同的情况下，梯度型多模光纤的芯径远小于阶跃型多模光纤，这就赋予梯度型多模光纤更好的抗弯曲性能。

（2）阶跃型多模光纤。阶跃型多模光纤包括 A2、A3 和 A4 三类共九个品种。它们可选用多组分玻璃或掺杂玻璃或塑料作为芯、包层来制成光纤。由于这些多模光纤具有大的纤芯和大的数值孔径，所以它们可更为有效地与非相干光源耦合。链路接续可通过价格低廉的注塑型连接器，从而降低整个网络建设费用。因此，阶跃型多模光纤，特别是 A4 类塑料光纤将在短距离通信中扮演着重要角色。

单模光纤分类如下：

（1）非色散位移单模光纤。分为常规单模光纤和低水峰单模光纤。常规单模光纤于 1983 年开始商用，它的最佳工作波长在 1310nm 波长区域。这种光纤被称为"常规"或"标准"单模光纤，是当前使用最为广泛的光纤。低水峰单模光纤是为了解决城域网发展需求而研发出来的具有更宽的工作波长区的光纤。低水峰光纤可在 1280～1625nm 全波段进行传输，并且具备色散小，系统成本低等优点。

（2）色散位移单模光纤。色散位移光纤是通过改变光纤的结构参数、折射率分布形状，力求加大波导色散，从而将最小零色散点从 1310nm 位移到 1550nm，实现 1550nm 处最低衰减与零色散波长一致，并且在掺铒光纤放大器 1530～1565nm 工作波长区域内，这种光纤非常适于长距离单信道高速光放大系统。

（3）截止波长位移单模光纤。这种光纤的零色散波长在 1310nm 附近，截止波长移到了较长波长、在 1550nm 波长区域衰减极小，最佳工作波长范围为 1500～1600nm。这种光纤制造特别困难，所以十分昂贵，很少使用。主要应用在传输距离很长且不能插入有源器件的无中继海底光纤通信系统。

（4）非零色散位移单模光纤。这种光纤是在色散位移单模光纤的基础上通过改变折射剖面结构的方法来使得光纤在 1550nm 波长色散不为零，故被称为"非零色散位移单模光纤"。主要适用于带光放大器的单信道传输系统和密集波分复用传输系统。

（5）色散平坦单模光纤。这种光纤在 1310～1550nm 波段范围内都是低色散，且具有两个零色散波长。这种光纤可用中心波长更宽的激光器和用工作波长在 1310nm 和 1550nm 的标准激光器与 LED 进行高速传输。但这种光纤制造难度大、衰减大、离实用距离很远。

（6）色散补偿单模光纤。这种光纤的特点是在 1550nm 波长处有很大的负色散。当常规单模光纤系统工作波长由 1310nm 升级扩容至 1550nm 波长工作区时，总色散呈正色散值，通过在该系统中加入一段负色散光纤，即可抵消几十千米常规单模光纤在 1550nm 处的正色散。从而实现光纤工作波长由 1310nm 到 1550nm 的升级扩容，进而实现高速率、远距离、大容量的传输。

根据变压器热点温度测量的研究环境要求，光纤需要在变压器内部弯曲走线，总体光传输距离在 15m 以内。激发光与反馈的荧光需要在同一个光纤通道中进行传输，并且符合在变压器等特殊环境中安装，要求光纤的弯曲半径要小于 2cm。因此变压器内部温度测量选用的光纤一般为特种多模石英单芯纤，石英光纤不仅原材料资源丰富、性能稳定，而且抗拉强度很高、易于弯曲、传输损耗极小，并且具有包层和保护层，使得光信号在传输过程中不易受杂质光等外界因素影响。

石英光纤直径为 0.4mm，在其测量端平面上用光学胶粘接荧光材料，荧光材料的厚度是 0.2mm，在光纤外加保护套，厚度是 0.4mm，光纤探头外径为 1.2mm，光学胶作为光纤和荧光材料的连接器，应该具有良好的透光性和低折射率，不仅能够透过激励光，而且能够透过荧光，并且具有耐化学腐蚀、防油防潮等性能。在探头的制作过程中全程在洁净环境进行，这样能够较少环境对探头污染，保证探头的耐压等级。由于内部光纤在变压器内部需要耐温 260℃以上，所以包括护套在内的所有内部光纤的原材料都必须要达到耐温要求。

测温光纤选取具有聚酰亚胺涂层的石英光纤。聚酰亚胺是指主链上含有酰亚胺环（–CO–NH–CO–）的一类聚合物，其中以含有酞酰亚胺结构的聚合物最为重要。聚酰亚胺是综合性能最佳的有机高分子材料之一，耐高温达 400℃以上，长期使用温度范围–200～300℃，无明显熔点，高绝缘性能，103Hz 下介电常数 4.0，介电损耗仅 0.004～0.007，属 F～H 级绝缘材料。聚酰亚胺作为一种特种工程材料，已广泛应用在航空、航天、微电子、纳米、液晶、分离膜、激光等领域。经过聚酰亚胺涂覆的石英光纤可以轻松的适应变压器环境。

3.6.3 光纤保护层材料选择

光纤测温探头保护部分需要采用高等级的绝缘材料，目前市面上光纤护套材料一般为聚氯乙烯（Polyvinyl chloride，PVC）、聚氨酯（Polyurethane，PU）、热塑性聚酯弹性体（Thermoplastic polyester elastomer，TPEE）、聚四氟乙烯（Polyterafluoroethylene，PTFE）等，其中 PTFE 被称为"塑料王"，它是由四氟乙烯经聚合而成的高分子化合物，其结构简式为$-[-CF_2-CF_2-]n-$，具有优良的化学稳定性、耐腐蚀性，是当今世界上耐腐蚀性能最佳材料之一，除熔融碱金属、三氟化氯、五氟化氯和液氯外，能耐其他一切化学药品，在王水中煮沸也不起变化，广泛应用于各种需要抗酸碱和有机溶剂的场合。

PTFE 的 C-F 键是已知化学键中最牢固的键之一，键能高达 460kJ/mol，大分子主碳键的周围被氟原子紧密地包围着，使 C-C 键不受一般活泼分子的侵袭。此外，氟原子体积较大，相互排斥，整个大分子链呈螺旋状，在大分子的主链上具有对称的氟原子，所以电性中和，整个分子不带极性。这种结构的特殊性使 PTFE 具有优良的耐热性、耐化学药品性、耐溶剂的稳定性、高电绝缘性、表面不黏性和润滑性等，并具有极高的熔融黏度。

PTFE 是一种高结晶度的聚合物，它的螺旋状结晶的晶格距离变化在 19℃、29℃和 327℃有转折点，即晶体在这三个温度上下，其体积会发生突变。19℃的晶体转变温度，主要对加工坯料极为重要，用 PTFE 制成薄膜或推挤电线绝缘层时，都有一个将 PTFE 粉状树脂模压成型的过程。当压制坯料的温度低于 19℃，而当制成坯料的处于 19℃以上的温度时，其晶格距离会变大，使预成形制品变形，最终导致烧结的制品内部存在开裂。327℃是 PTFE 的熔点，严格地说，在此温度以上时，结晶结构消失，转变为透明的无定形凝胶状态，并伴随比体积增大 25%。这种凝胶状熔体黏度，在 360℃时高达 1010～1011Pa·s，仍然不能流动。该特性决定了 PTFE 不能采取一般的热塑性树脂相同的方法（如熔融挤出），进行成型加工，而是用类似的粉末冶金的加压与烧结相结合的方法加工。由于 PTFE 的热导率低，熔点上下温度时体积变化较大，所以在烧结过程中，在熔点附近加热速率必须缓慢，以使制品内外温度均匀；否则会造成制品内部存在应力，严重时甚至开裂。

PTFE 结晶度的大小，对电线的物理性能和力学性能有一定的影响。通常，结晶度越大，PTFE 的密度越大，物理力学性能有所提高；反之则小。因此，在加工过程中应对 PTFE 的结晶度加以控制。PTFE 密度与结晶度函数关系如图 3-15 所示。此外，PTFE 的结晶度与分子量的大小和烧结后的冷却速度也有关。在相同的冷却速率下，分子量越小，越易结晶，结晶速度也越高，在分子量相同情况下，极其缓慢的冷却速度，有助于大分子的重结晶，因此制品的结晶度高。最高可达 75%左右，如果迅速地冷却，能阻止无定形凝胶的重结晶，结晶度小，但即使是最快的冷却速度，其结晶度一般也在 50%左右。所以冷却速率不同，烧结后的 PTFE 结晶度通常在 50%～70%之间，在 310～315℃温度范围内有最大的结晶速度。

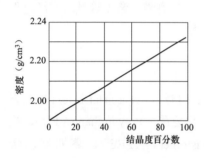

图 3-15　PTFE 密度与结晶度函数关系

PTFE 是一种坚韧、柔软、没有弹性、拉伸强度适中的材料，低温性能好，当温度低至−269℃时，在受压力的情况，PTFE 仍然具有延展性。在广阔的温度和频率范围内，PTFE 具有优异的电绝缘性能。

由于 PTFE 分子链中的氟原子对称、分布均匀、不存在固有的偶极距，使介质损耗角正切 $\tan\delta$ 和相对介电常数 ε_r 在工频 109Hz 范围内变化很小。从室温到 300℃之间，PTFE 的 $\tan\delta$ 值实际变化很小，而 ε_r 随温度升高有所下降，不同频率下 PTFE 的介电常数和介质损耗分别如图 3-16、图 3-17 所示。

PTFE 绝缘电阻很高，其体积电阻率 ρ_v 一般大于 1015Ωm，表面电阻率 ρ_s 大于 1016Ω，即使长期浸于水中变化也不显著，随温度变化也不大。

PTFE 的击穿场强很高，很薄的 PTFE 薄膜的击穿场强可达 200kV/mm；PTFE 对电弧作用极为稳定，通常耐电弧性大于 300s。这是因为在高电压表面放电时，不会因炭化而引起短路，仅分解为气体。即使长期露天暴露，受到尘埃雨露的污染情况下，也不影响其绝缘性能。

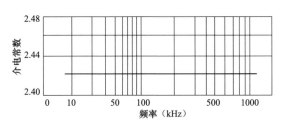

图 3-16 不同频率下 PTFE 的介电常数

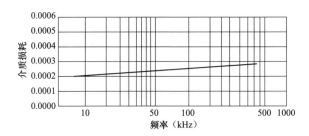

图 3-17 不同频率下 PTFE 的介质损耗

PTFE 的耐热性在现有的工程塑料中是很高的。它虽在 200℃时开始有微量的分解物出现，但从 200℃至熔点 327℃以上温度，其分解速度仍然非常缓慢，几乎可以忽略不计；只有在 400℃，才发生显著的分解，每小时的重量损失约为 0.01%。经热分解的 PTFE，平均分子量有所下降，结晶度则有所增加，抗拉强度降低。当在 300℃加热一个月，其抗拉强度约下降 10%～20%；在 260℃下长期加热，其抗拉强度基本不变。因此，从热分解的观点来看，PTFE 可以在 300℃下短期的使用，在 260℃下则可长时间地连续使用。若从热变形的观点看，在负荷不大的情况下，PTFE 可以在 260℃下长期连续的使用；在负荷较大时，热变形显著，其使用温度就相对地降低。

PTFE 在−200℃这样极低的温度下，仍具有令人满意的机械强度和柔软性。可见，用 PTFE 做保护套管，完全可以在−60～260℃下使用。PTFE 具有突出的耐化学稳定性，它不受强腐蚀性的化学试剂侵蚀，亦不与之发生任何作用，它也完全不受王水、氢氟酸、浓硫酸、氯磺酸、热的浓硫酸、沸腾的苛性钠溶液氯气及过氧化氢的作用，即使在高温下，PTFE 也能保持很好的耐化学稳定性。

由于 PTFE 大分子之间的相互吸引力较小，因此只有中等的抗拉强度。PTFE 塑料的抗拉强度和伸率是符合电线电缆的使用要求的，在高温下，当温度不超过 250℃时，PTFE 的力学性能变化不大；当温度超过 327℃时，由于 PTFE 失去结晶结构，其力学性能突然变坏，如重新冷却至 327℃以下，力学性又可复原。

PTFE 有很好的耐湿性和耐水性，其本身透湿性和吸水性极微，放在水中浸泡 24h 后，吸水性实际等于零，浸水后的绝缘电阻基本不变，是其他材料所不及的。耐气候性能优良，在大气环境中，由于 PTFE 分子中不存在光敏基团，臭氧也不能与其作用，使其在炎热高温的热带和湿热带气候条件下，PTFE 可不加保护长期的使用，性能不变。用作光纤保护套管的 PTFE 套管如图 3-18 所示。

图 3-18　用作光纤保护套管的 PTFE 套管示意图

3.6.4　光纤探头油中绝缘强度试验

为了在变压器油中杜绝气泡的产生，在 PTFE 护套周围加工了螺旋切口，这样当测温光纤安装在变压器内部时经过抽真空的操作，光纤护套内部的气泡可以很容易地进行消除。

为保证应用于油浸变压器和油浸电抗器中的光纤温度传感器在变压器油中绝缘强度满足 $E \geqslant 3kV/mm$，需在传感器生产完成后对其绝缘强度进行检测。传感器油中绝缘强度试验按照 GB/T 1408.1《绝缘材料　电气强度试验方法　第 1 部分：工频下试验》实施。传感器在油中耐压试验原理图如图 3-19 所示。被试光纤温度

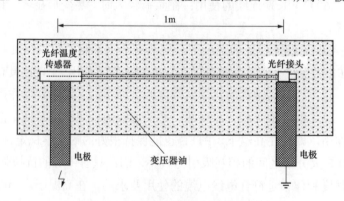

图 3-19　传感器油中耐压试验原理图

传感器样品长度为 1m，置于充满变压器油的密闭容器中。试验前容器需抽真空，之后在传感器两端通过电极施加电压 300kV/50Hz，被试光纤温度传感器应无击穿。探头与贯通器连接方式选择安装方便、可靠性高的 ST 标准连接方式。

3.7　荧光材料

荧光材料的选择决定了传感器的测温范围、灵敏度及稳定性，有机和无机材料中都有很多种具有明显的荧光特性的，但有机材料一般不耐高温，可暂不考虑。目前应用的无机荧光材料可分两类：一类是晶体荧光材料，它们广泛应用于激光器中；另一类是粉末状化合物，有许多是稀土激活的化合物，广泛用作电光源和荧光屏的发光材料。荧光光纤温度传感主要依靠其中的荧光材料，依靠荧光余辉确定所测点的温度。但是，光纤的制作过程中，纤芯掺杂荧光材料和稀土元素，制作工艺复杂，而且，荧光余晖是荧光物质受照射后激发产生，光纤使用年限受荧光物质影响极大。因此荧光材料的选择至关重要。

有许多荧光材料可直接用于荧光传感，如荧光灯管中的磷光粉和许多掺有稀土元素的固体激光材料。磷光粉大量用于在电视显像管中，其主要成分是半导体材料，如 ZnS（硫化锌）、CdS（硫化镉）或 CdZnS（掺铬硫化锌）等，这些材料辐射的波长与半导体吸收的光谱相关。除此之外，大量的固体或液体有机材料也辐射分子荧光，这些材料通常用于染料激光器，并大量用作油漆、包装以及清洁剂中的光亮剂，这些材料大部分是自激发材料，材料中的色心也显示荧光，但因在常温下不稳定，很少被用作激光材料。由于近几年来通信市场的需求，许多掺有稀土元素的光纤问世，并广泛用于通信元器件与通信系统中。相应的，这些材料也扩大了传感器材料的选择范围。大部分的灯管磷光粉、固态激光材料以及新出现的稀土掺杂光纤都适合于温度测量。

通常根据传感器的测温范围、灵敏度及稳定性来选择荧光材料，荧光光纤温度传感器对荧光材料的选择原则如下：

（1）为了便于荧光材料在光纤端面上的涂覆，粉末状材料优先选择。

（2）所选荧光材料的温度敏感范围要与要求的测温范围相匹配。

（3）荧光强度要高，以便于光电检测。

（4）选用紫外激发的荧光材料，这是由于可见光激发易受日光等环境光的影响，红外激发的荧光材料种类较少。

基于荧光寿命测温法的荧光传感材料还应具有以下特点：具有简明的荧光时

间衰减特性、确定的荧光温度特性及在要求的测温区间内具有相对较长的荧光寿命，这样便于采用低廉的高速信号处理电路进而降低测温装置成本。

3.7.1 荧光材料的种类

荧光材料主要有以下几个种类：

（1）硫化物系列荧光粉。硫化物系列发光材料主要包括硫化锌、硫化锌镉、硫化锶、硫化钡、硫化钙等。硫化物中具有较大实用价值的是以 ZnS 和（ZnCd）S 为基质的发光材料。用作 ZnS 发光材料的激活剂通常有 Cu、Ag、Au、Mn 以及稀土元素等。这些激活剂在 ZnS 中形成的发光中心有两大类：一类是分立中心的发光，如以 Mn 和稀土元素为激活剂的 ZnS；另一类是以 Cu、Ag、Au 为激活剂，Al、Ga、In 为共激活剂的 ZnS，这种荧光粉发光效率可达 10Cd/W，甚至更高，当改变硫化物配比，加入不同激活剂及使用不同的加工工艺时，可以得到从红色到紫色的光谱范围很宽的发光特性，而且荧光余辉时间也较长，可以从几毫秒到几秒，其缺点是物理化学性质不稳定，强烈的电子轰击，特别是重离子轰击时，荧光粉易烧伤，而且轻微的污染就能破坏发光特性。

（2）硅酸盐荧光粉。此类荧光粉应用最多的是 Mn 激活的 Zn_2SiO_4 和 Ce 激活的（MgCa）SiO_3 等，这类荧光粉的化学性能稳定，杂质对发光性能的影响比较小，发光颜色和人眼的视觉敏感光线的最大值接近，而且发光颜色的亮度比较高。这类荧光粉的缺点是发光效率低，很难得到多种发光颜色。

（3）氧化物荧光粉。氧化物荧光粉是应用最早的一种荧光粉。其中用得较多的是 ZnO，ZnO 荧光粉的特点是不用其他元素作为活化剂，在加工时可以保证 Zn 过量，Zn 起到活化剂的作用，因此在不同的热处理条件下就可以获得发光颜色由蓝到黄的荧光，而且高温稳定性好，抗伤能力比较强，缺点是发光效率比较低，仅有 0.8～1.0Cd/W。

（4）钨酸盐荧光粉。钨酸盐荧光粉中应用最多的是 $CaWO_4$，另外还有 $CdWO_4$ 和 $ZnWO_4$，此类荧光粉不用加活化剂，光谱曲线最大值在可见光谱范围内，缺点是发光效率低，发光颜色不大。

（5）稀土荧光材料。稀土荧光材料是一种光致发光材料，镧系离子的中间 5 个成员 Sm^{3+}、Eu^{3+}、Cd^{3+}、Tb^{3+}、Dy^{3+} 与某些有机化合物结合，形成所谓稀土有机螯合物，螯合物中的有机分子可以有效地吸收紫外光等，并又将能量传递给镧系离子，镧系离子获得能量后，4f 电子便从基态跃迁到高能量状态，这些电子从高能态返到较高能态时，可以放出一定波长的光，当这种光位于可见区时，我们便能观察到漂亮的荧光，Eu 化合物发红光，Tb 化合物发黄绿光等。稀土荧光材料其吸光、发光过程无限重复，因此具有较为广泛的应用范围和市场前景。稀土元素作为敏感材料一般有两种存在形式：一是用稀土粉直接作为敏感材料的光纤荧光温度传感器；另一种是把稀土离子掺杂在光纤中，构成的光纤荧光温度传感器。

早在 1964 年，Koester 和 Snitzer 就提出了用稀土元素掺杂光纤做光学放大器的想法，并在 1973 年由 Stone 和 Burrus 证实。由于 MCVD 技术的应用使得低损耗的稀土掺杂光纤广泛地应用于光学通信中，而作为副产品，这些掺杂光纤也被用于光纤传感器。研究表明，大部分的稀土掺杂光纤在用作传感器之前，需要首先进行高温处理，否则测量结果将会出现漂移。但对不同的光纤材料，因能承受的最高工作温度不同，其相应热处理的最高温度也应在其最高工作温度附近，否则光纤因受损其荧光特性将会急剧衰退。

3.7.2 荧光粉制备与选择

3.7.2.1 荧光材料制备

荧光材料作为光纤温度传感器感温部分，其被激发后辐射出的荧光余辉衰减特性直接影响了整个温度传感器的性能。荧光材料的选择是整个传感器的核心之一，需要满足几个要点：

（1）荧光物质能够被特定波长的光所激发，在实际应用中激发光与辐射的荧光波长不能太接近。

（2）荧光材料衰减时间一致性高，当激励光停止时，荧光材料就会立刻停止发光，温度相同时，衰减时间常数相同。

（3）荧光余辉衰减的时间常数在温度变化时，时间常数稳定变化。

（4）荧光材料化学性质稳定，在空气中长期暴露不氧化、耐腐蚀、高等级耐油性；在常温状态下，荧光材料余辉衰减时间在 3～5ms 内。

用非均相沉淀法制备的 $Ba_3MgSi_2O_8$：Eu_2+，Mn_2+ 荧光粉，在近紫外光波段激发条件下，占据 $Ba_3MgSi_2O_8$ 晶格上 Ba_2+ 格位的 Mn_2+ 离子的 3d5 能级的 4T1→ 6A1 跃迁发射 605nm 红光。硅酸钡镁为基质制备的荧光粉化学特性稳定，能够满足荧光温度传感器对荧光材料的选材要求。被激发后能够产生稳定余辉特征信号的荧光材料物质形态如图 3-20 所示。

图 3-20 荧光材料物质形态

3.7.2.2 光源与荧光材料选择

根据荧光测温机理，可以通过如图 3-21 所示的荧光光谱分析实验系统对荧光进行光谱分析。该系统基于紫外诱导光谱分析方法，是一种利用紫外光激发荧光材料产生荧光，进而对该荧光进行光谱分析的测试方法。利用恒温控制箱产生实验系统所需要的温度场，温度调节范围为 35～100℃，荧光材料将置于温度场中。EH 仪的 1 路输出控制温度场的温度，其 2 路输出控制紫外光源。荧光材料接收激发光源发出的光产生荧光，荧光两个透镜耦合进入光栅光谱仪或者 FL920 瞬态荧光光谱仪，光谱仪将检测到的荧光信息送入计算机软件平台处理，并输出与保存处理结果。

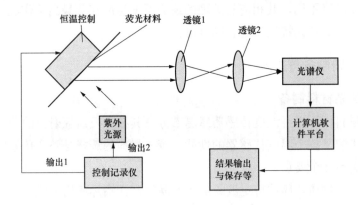

图 3-21　荧光光谱分析实验系统

依据对光源的要求和荧光材料选择双重原则，对常用的 6 种荧光材料及 2 种紫外光源分别进行光谱扫描分析，试验光源与荧光材料见表 3-3。

表 3-3　　　　　　　　　　　试验光源与荧光材料

光源	SF-50TUV34 光源
	SF-50TUV13 光源
荧光材料	紫色荧光材料
	黄绿色荧光材料
	黄色荧光材料
	粉红色荧光材料
	紫绿色荧光材料
	淡红色荧光材料

光源谱线与对应的各种材料的荧光谱线如图 3-22 和图 3-23 所示。图 3-22 和图 3-23 中淡红色荧光材料的谱线用曲线 B 表示；粉红色荧光材料的谱线用曲线 D 表示；黄绿色荧光材料的谱线用曲线 F 表示；紫绿色荧光材料的谱线用曲线 J 表示；黄色荧光材料的谱线用曲线 H 表示；紫色荧光材料的谱线用曲线 K 表示。光谱分析结果见表 3-4，变温分析结果见表 3-5。

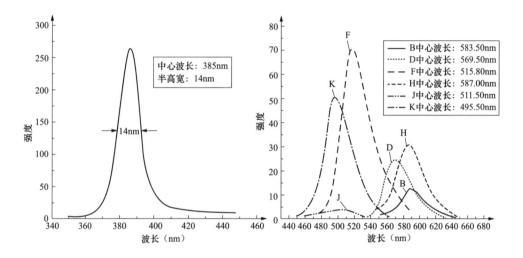

图 3-22 SF-50TUV34 光源激发 6 种材料光谱

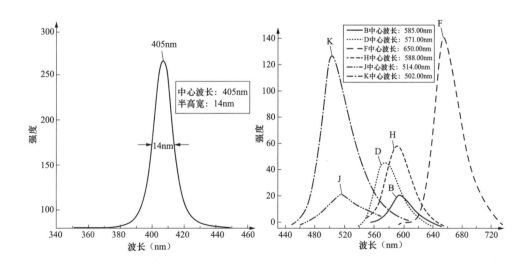

图 3-23 SF-50TUV13 光源激发 6 种材料光谱

表 3-4 光 谱 结 果 分 析

光源	中心波长（nm）	半高宽（nm）	光谱实验分析
SF-50TUV34	385.00	14.00	只有在黄绿色荧光材料与紫色荧光材料上能激发出较强的荧光
SF-50TUV13	405.00	14.00	也只有在黄绿色荧光材料与紫色荧光材料上能激发出较强的荧光

表 3-5 变 温 结 果 分 析

光源	荧光材料	结 果 分 析	结 论
SF-50TUV34	紫色荧光材料	两种材料的荧光寿命均随着温度的升高而减弱，但紫色荧光材料的荧光寿命随着温度升高下降明显	紫色荧光材料的温度效应优于黄绿色荧光材料
	黄绿色荧光材料		
SF-50TUV13	紫色荧光材料	随着温度升高，荧光寿命变化不明显	紫色荧光材料的温度效应优于黄绿色荧光材料
	黄绿色荧光材料	荧光寿命随着温度的升高下降明显	

由上述分析可知，紫色荧光材料对两种紫外光源呈现较好的荧光温度特性，随温度升高荧光寿命稍有下降；黄绿色荧光材料针对两种型号的光源荧光温度特性较好。但采用紫外光源激发黄绿色荧光材料所产生的荧光其温度特性最为明显。因此，荧光光纤温度传感系统首选中心波长为 405nm 的紫外光源与中心波长为 650nm 黄绿色荧光材料作为激发光源与敏感材料。

3.7.2.3 测温精度影响因素及改进措施

在实际应用中，我们发现，随着测温系统温度的提高，激励光源强度、光传输效率、通道放大倍数等会影响信号强度，且都会对测量结果产生影响，这表明荧光强度会影响荧光寿命的测量结果。因此，需对影响测温精度的原因及提高测温精度的方法策略进行研究。

1. 荧光强度对荧光寿命的影响

把荧光材料置于某一恒定温度下，通过调整光纤距离荧光材料的距离来控制系统接收到的荧光强度值，记录不同荧光强度下的荧光寿命，荧光寿命平均值随荧光强度变化曲线如图 3-24 所示。

2. 荧光余辉的指数变化规律

6 种常见的用于测温的荧光材料依据温度变化测量出荧光寿命，由计算机绘出余辉曲线，拟合产生指数曲线，然后把余辉曲线与指数曲线比较，6 种荧光材料余辉测量曲线如图 3-25 所示。

可以看出，荧光余辉曲线并不具有精确的指数变化形态，而且不同材料具有不同的差别程度。在要求不高的情况下，红宝石和砷酸镁可近似为指数变化，矾磷酸钇和红、绿、蓝三基色荧光粉的荧光余辉曲线偏离指数曲线较为明显。

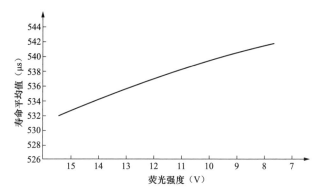

图 3-24　荧光寿命平均值随荧光强度变化曲线

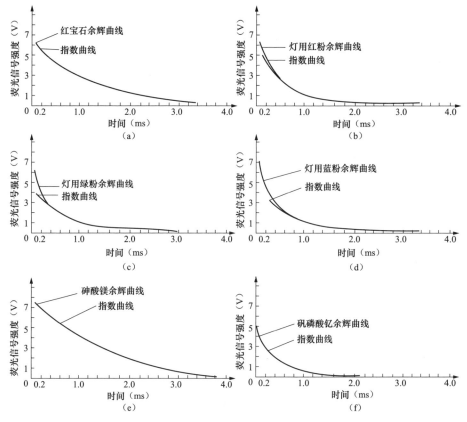

图 3-25　6 种荧光材料余辉测量曲线

（a）红宝石余辉曲线；（b）灯用红粉余辉曲线；（c）灯用绿粉余辉曲线；（d）灯用蓝粉

余辉曲线；（e）砷酸镁余辉曲线；（f）矾磷酸钇余辉曲线

3. 荧光余辉变化与光谱的关系

上述六种荧光材料的荧光光谱如图 3-26 所示，与图 3-25 给出的余辉曲线对比可知，灯用红粉的光谱荧光强度与其他几种材料相比较高，且为多窄峰形态；蓝粉和绿粉相近，都属于宽谱，荧光的余辉曲线与指数曲线相比差别较大；红宝石、矾磷酸钇和砷酸镁的光谱比较近似单窄峰，余辉曲线近似指数变化。

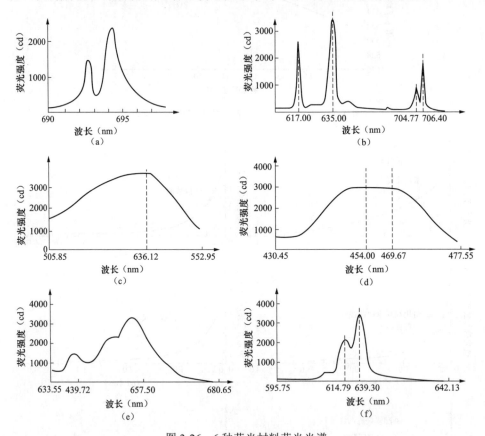

图 3-26　6 种荧光材料荧光光谱

（a）红宝石；（b）红粉；（c）绿粉；（d）蓝粉；（e）砷酸镁；（f）矾磷酸钇

4. 提高精度的改进措施

为提高测温的精度，应采取以下有效措施：

（1）在荧光材料选择上应尽量选择有利的材料。选择原则为观察荧光材料的光谱特性，选择单峰且半峰宽较小的荧光材料，这样可以从根本上解决非指数性的出现。

（2）在光学处理上采用光学滤波。如果所选荧光材料谱线多峰，选择合适的光学滤光片，以便滤掉多余光谱，或使可能少的光谱峰曲线参与检测。

（3）在数据处理上对曲线进行校正。利用数学手段对非指数余辉曲线进行校正，使校正后的曲线比较接近指数曲线。

3.7.3 荧光粉与光纤结合方式

3.7.3.1 设计原则

光纤传感探头实现光信号的采集和传输，包括信号采集端和传输部分。光纤实现光信号的传输，对于不同的光谱范围，要用不同材料和成束形式的光纤；不同的测量环境要用不同结构的探头。如测量液体内部温度的探头就必须具有遮光性、耐水性能力；在线监测高温高压设备的温度时，探头就必须具有耐压、抗高温的能力；监测电池管理系统单体电池内部温度时，探头就必须具有坚固性和抗腐蚀性。探头的设计应能使荧光产生和接受的效率高。光纤的位置和根数、光纤与光源和探测器的耦合等都是衡量探头性能的几个重要方面。

光纤探头有多种不同的分类方法，按照入射光、待测物和接收出射光方向之间的不同位置关系分为反射式探头和透射式探头；按照探头所用光纤的数量不同可以分为单光纤测量探头和多光纤测量探头；按照探头内部有无光学系统分为有光学系统光纤测量探头和无光学系统光纤测量探头；按照应用场合可以分为实验室光纤测量探头和工业现场光纤测量探头；按照探头与被测物是否接触可以分为接触式探头和非接触式探头等。测量液体样品时，通常采用接触式探头。固体样品测量多采用非接触的反射式探头。

目前，国内外一些公司都有适用于不同条件的光纤测量探头的产品出售，如德国的 Hellma 公司、荷兰 AVANTES 公司等，而且大部分公司都可以根据客户的需要进行定制。如何选择和提出适合特定条件和对象的光纤测量探头指标，主要考虑以下因素：

（1）光纤材料、模式、芯径、根数、成束及外形。

（2）接口要求。如 SMA-905、SMA-906、FC 等。

（3）特殊工作环境要求。是否有特殊化学、温度、防水、真空或压力指标的要求，如抗高温性能、抗化学腐蚀性能等。此时需要根据使用环境要求，设计时在光纤芯径、套管、光纤测量探头端部、光纤接头和光纤接头处的金属套环、结合环氧树脂等的材料使用上加以考虑。

石英光纤与荧光粉的结合方式大致直接把荧光粉涂在光纤上、半导体的是把半导体粘接在光纤端面和借助陶瓷插芯连接三种方式。

3.7.3.2 光纤探头选择

为满足测量的要求，光纤传感探头应具有遮光性、抗压性和荧光收集三方面的能力，可设计如图 3-27 所示的测温光纤探头结构。该方案采用的是反射式结构，去除光纤端头少量涂覆层，长度大约 1/3 陶瓷插芯长度，穿入插芯并抹胶固定。然后将荧光粉塞进陶瓷插芯，塞紧约 1/3 陶瓷插芯长度，最后用一小节去除涂覆层的石英光纤作为堵头，抹胶与插芯固定，尾部点胶封死。该种结构形式可靠性好，不用担心荧光粉的脱落，插芯起到了良好的外部保护作用，实物图如图 3-28 所示。

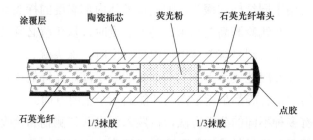

图 3-27　测温光纤探头结构

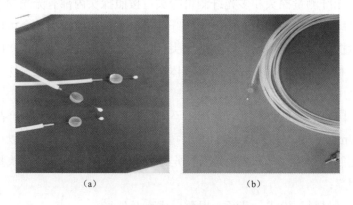

(a)　　　　　　　　　　(b)

图 3-28　测温光纤探头实物图

(a) 近景；(b) 远景

3.7.3.3 光纤温度解调仪设计

光纤温度解调仪主要用来解析反馈回来的荧光信号，并对数据进行计算处理。目前，可以通过 RS485 方式与 PC 进行通信，能够自主判断光纤通道故障。功能板卡可以实现继电器和模拟输出。主机采用铝制金属壳，各机械部分有充分的电气连接性，有效抗扰外部电磁干扰。通过多次温度精度试验和多组数据曲线的拟合，荧光光纤温度传感器测量温度的精度能达到 0.2℃。在小批量制作过程中，荧光光纤温度传感器测量精度能保证在 1℃以内。

3.8　光电探测器

光纤传感系统接收的光信号要通过光电探测器接收才能转换为电信号，进一步经过放大处理才能得到所需要的测试结果，因此，光电探测器的优良在光纤测温系统中极为重要。

光电探测器种类很多，新的器件也不断出现，常用的光电检测器有光电倍增管、光电导探测器、PIN 光电二极管和雪崩光电二极管。光电探测器有一套根据实际需要而制定的特性参数，用于比较不同探测器之间的差异，评价探测器性能的优劣，以根据实际需要合理选择和正确使用光电探测器。光电探测器的主要性能参数见表 3-6，还有其他一些常数，如光敏面积、探测器电阻电容等，尤其是极限工作条件，正常使用时不允许超过这些指标，否则会影响探测器的正常工作，甚至使探测器损坏，使用时需要特别注意。一般探测器的产品说明书中提供的特性参数都是典型值，由于制造工艺的离散性，实际的探测器往往偏离典型值，某些重要应用场合为了使探测器获得最合理的使用，需要对具体探测器的参数进行测试，以选择探测器。荧光光纤温度传感系统的光电探测器选择时应遵循下列原则：

（1）对检测的荧光波长应具有较高的光谱灵敏度。

（2）要具有较快的响应时间。

（3）具有较好的长期稳定性。

（4）线性度要好。

表 3-6　　　　　　　　　　　　光电探测器性能指标

序号	名称	符号	单位	含　义	公式	说明
1	积分灵敏度	R_i	A/W	光电流 I 和入射的所有光束的功率 P 构成的探测器的光电特性曲线 $i = f(P)$ 的斜率	$R_i = di/dP$	积分灵敏度也称响应度
2	光谱灵敏度	R_λ	A/W	光电流 i_λ 和入射波长为 λ 的光功率 P_λ 构成的探测器的光谱特性曲线 $i_\lambda = f(P_\lambda)$ 的斜率	$R_\lambda = di/dP_\lambda$	R_λ 为常数的探测器称为无选择性探测器
	相对光谱灵敏度	S_λ		光谱灵敏度 R_λ 与其最大值 $R_{\lambda m}$ 的比值。S_λ 随 λ 变化的曲线为探测器的光谱灵敏度曲线	$S_\lambda = R_\lambda/R_{\lambda m}$	$R_{\lambda m}$ 对应波长 λ_m 称峰值波长

续表

序号	名称	符号	单位	含　义	公式	说明
3	频率灵敏度	R_f	A/W	光电流 i_f 随入射光强度调制频率 f 的升高而变化，此时的电流灵敏度称为频率灵敏度	$R_f=i_f/P$	截止频率 f_c 为 R_f 下降到初始值的 $\frac{1}{\sqrt{2}}$ 时的 f 值
4	量子效率	η		探测器吸收的光子数速率和激发的电子数速率之比	$\eta = \mathrm{d}n\,电/\mathrm{d}t/\mathrm{d}n\,光/\mathrm{d}t$	$\eta=R_i \cdot hv/e$
5	通量阈	P_{th}	W	光功率为零时，探测器输出电流为噪声输出，噪声限制了探测微弱信号的能力。通量阈为探测器能探测到的最小光信号功率。认为信号光功率产生的信号光电流 i_s 等于噪声电流 i_n 时，刚好能探测到光信号存在	$P_{th}=i_n/R_i$	
6	噪声等效功率	NEP	W	单位信噪比时的信号光功率，NEP 是描述探测器探测能力的常数，越小表明探测弱信号的能力越强	$NEP=P_{th}=P_s$	$SNR_i=i_s/i_n$ 为电流信噪比 $SNR_u=u_s/u_n$ 为电压信噪比
7	归一化探测度	D^*	cm · Hz$^{1/2}$/W	NEP 的倒数定义为探测度 D，消除了光敏面积 A 和测量带宽 Δf 影响的探测度为归一化探测度 D^*	$D=1/NEP$ $D^*=D/\sqrt{A\Delta f}$	D^* 越大，探测器的探测能力越好

　　一般来说，荧光光纤温度传感系统所用的探测器为 PN 结或 PIN 结光电二极管。光电二极管（PD）由半导体 PN 结组成，利用光电效应原理完成光电转换。当有光照射到 PN 结上时，如果光子的能量足够大，则半导体价带中的电子吸收光子能量，而跃迁到较高能级到达导带，在导带中出现电子，在价带中出现空穴，这种现象称为半导体的光电效应。这些光生电子-空穴对，称为光生载流子。

　　如果光生载流子是在 PN 结耗尽区内产生的，则它们在内电场的作用下，电子向 N 区漂移，空穴向 P 区漂移。于是 P 区有过剩的空穴，N 区有过剩的电子积累，即在 PN 结两边产生光生电动势，如果把外电路接通，就会有光生电流流过。这样就实现了输出电压跟随输入光信号变化的光电转化作用。这两种器件的主要优点是噪声小、量子效率高、线性工作范围大、响应快、寿命长、耗电少、使用方便和体积小等。

　　由于在耗尽区内所形成的漂移电流在空间电场的作用下具有较高的响应速度，在耗尽区以外所形成的扩散电流的响应速度很低，因此，为了适当地提高转换效率和响应速度，耗尽区应加宽。采取的措施是改变半导体的掺杂浓度。耗尽区的宽度与 P 型和 N 型半导体中的掺杂浓度有关，在相同的负偏压下，掺杂浓度越低，耗尽层就越宽，为此在 P 型和 N 型半导体之间，插入 I 型半导体达到了展宽耗尽层宽度的目的。PIN 光电二极管能带原理示意图如图 3-29 所示。由于是轻掺杂，因此电子浓度很低，经扩散作用后可以形成一个很宽的耗尽层，另外，为了降低 PN 结两端的接触电阻，以便与外电路连接，将两端的材料做成重掺杂的 P+层和 N+层。人们将这种结构的光电二极管叫作 PIN 光电二极管。在耗尽层之外形成的电流叫作扩散电流。扩散电流的运动速度比漂移电流的运动速度要慢，使频率特征变坏。由于在 PN 结出存在空间电场，使进入空间的电子和空穴逆方向移动。如从外部对 PN 结施以反向偏压，使 P 侧加负电压，N 侧加正电压，则 PN 结处的空间电场（即耗尽层内的自建电厂）被加强，从而加快了载流子的漂移速度。PIN 光电二极管有许多优点，最主要的优点是功率足够高、带宽足够宽，此外还有暗电流小、反向电压比较小等优点。

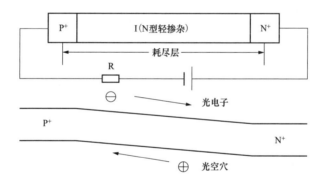

图 3-29 PIN 光电二极管能带原理示意图

3.9 光路

3.9.1 光路耦合

为提高系统的信噪比，应尽可能地提高系统中的光路耦合效率。涉及光路耦合的主要有光纤与光源的耦合、光纤与光纤的耦合及光纤与光电探测器的耦合三个部分。

3.9.1.1 光纤与光源的耦合

光源与光纤耦合的一个重要概念是光耦合效率。如果光纤的传输损耗一定则光强越强，光信号传输得越远，所以希望光源的光强越强越好。但实际上光信号传输的远近还要看被耦合光纤中的实际光功率，如果没有有效的耦合，将损失光源的绝大部分辐射功率。光耦合效率定义为

$$\eta = \frac{P_I}{P_O} \tag{3-19}$$

式中　P_I——耦合入光纤的功率；

　　　P_O——光源发射的功率。

光源与光纤的耦合方式有直接耦合和透镜耦合两种。

1. 直接耦合

光源与光纤的耦合，最简单的方法是直接耦合，即把一根平端的光纤直接靠近光源发光面放置。

光源与光纤端面的相对位置决定了直接耦合的效果。当探头正对准点光源，并使探头与光源的距离尽可能小时，可得到最大辐射能通量和辐射照度。但实际上，光纤探头都有有限的数值孔径，超过该数值孔径的光线不能再光纤中无衰减的传播。因此，直接耦合时，光纤探头与光源之间的距离选择存在标准距离 S_M，标准距离以达到光纤探头数值孔径为限，光源与光纤直接耦合示意图如图 3-30 所示。

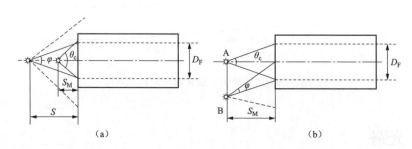

图 3-30　光源与光纤直接耦合示意图

(a) 正对光源；(b) 不正对光源

在 $S_M = \dfrac{D_F/2}{\tan\theta_c}$ 中，S_M 为光源至光纤端面的标准距离；D_F 为光纤芯径；θ_c 为光纤最大接收半角，$\theta_c = \arcsin(NA/n_0)$。

如图 3-31 所示为光源与光纤端面标准距离、光纤芯径、数值孔径的关系。由图 3-30 可知，D_F 一定时，NA 越大，S_M 越小；NA 一定时，D_F 越大，S_M 越大。

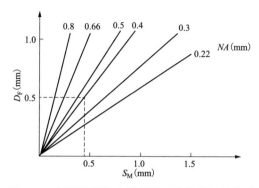

图 3-31　标准距离与光纤芯径、数值孔径的关系

其耦合效率为

$$\eta = \frac{(NA)^2}{n_0^2} \tag{3-20}$$

从耦合效率方面考虑，因光源发光面与窗口之间存在一定距离，因此很难做到 $S_M \geqslant S$，直接耦合很难达到最佳效果。对于激光二极管光源来说，耦合效率大约是 20%，如果光源是发光二极管耦合效率更低，只有百分之几。

2. 透镜耦合

利用透镜耦合可提高耦合效率，改善光源与光纤直接耦合效率很低的状况。透镜耦合方式主要包括端面球透镜耦合、柱透镜耦合、圆锥透镜耦合和凸透镜耦合四种，如图 3-32 所示为柱透镜耦合示意图，如图 3-33 所示为凸透镜平行耦合示意图。

激发光源与石英光纤的耦合对于普通的发光二极管（LED），其发光面积一般较大，发散角也大，因此为达到最大的耦合效率，应采用大相对孔径的耦合透镜，并在设计光路时，综合考虑耦合光纤与会聚角两者之间的平衡。在光强满足要求时，就应使会聚角尽量小。这样，可使进入光纤束端面的光满足光纤数值孔径的要求，不至于逸出光纤侧表面。

把光纤输出的光功率尽可能多地投射到敏感材料的表面是光纤与敏感材料的耦合问题。根据应用场合的不同，大体上可以分为两种：一种为直接耦合，如将敏感材料黏合到光纤的端部；另一种是将敏感材料涂敷到被测物体的表面，通过透镜将激发光和产生的荧光耦合到光纤。

把光纤输出的光功率尽可能多地投射到光探测器的接受面上是光纤与探测器之间的耦合问题。硅光敏三极管与石英光纤之间可采用直接耦合的方式，但由于硅光敏三极管接受面积较小，石英光纤与硅光敏三极管之间应尽可能靠近。由于硅光敏三极管前必须加滤光片以滤去未吸收的 LED 激励光，滤光片的厚度可能影响硅光敏三极管接受的效率。当采用长波滤色片时，由于厚度较小（0.5~1mm），仍可采用直接耦合的方式。但若采用干涉滤色片，因厚度较大，石英光纤的出射光发散较大，因此必须采用透镜耦合方式。为减少系统尺寸，应尽量采用小焦距透镜。

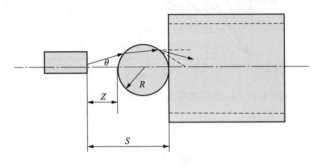

图 3-32　柱透镜耦合示意图

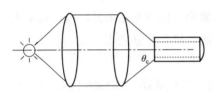

图 3-33　凸透镜平行耦合示意图

3.9.1.2　光纤与光纤的耦合

光纤与光纤的耦合也分为直接耦合和间接耦合。直接耦合有固定连接和活动连接两种方式。固定连接即光纤熔接，是采用光纤熔接机来实现的，这种方式的优点光纤不产生缝隙，不会引入反射损耗，因而插入损耗小。缺点是不灵活和不方便调试。活动连接即利用光纤连接器和法兰盘实现光纤与光纤的直接耦合，常用的连接器有跳线和裸纤连接器。间接耦合时应考虑两者数值孔径的匹配以及透镜的像差。

3.9.1.3　光耦合器的特性

在光电器件耦合时，为了获得最佳的耦合效率，应该考虑耦合器的特性参量问题，表示光纤耦合器性能指标的参量主要包括插入损耗、分光比、隔离度等。

插入损耗表示耦合器损耗的大小，定义为输出光功率之和相对全部输入光功率的减少值。该值通常以分贝为单位。以图 3-34 所示的定向耦合器为例，如端口 1 输入光功率 P_1，内端口 2 和端口 3 输出的光功率为 P_2 和 P_3，则插入损耗用 α_c 表示为

$$\alpha_c = -10\lg\frac{P_2 + P_3}{P_1}(\text{dB})\tag{3-21}$$

一般情况下，要求 $\alpha_c \leqslant 0.5\text{dB}$。

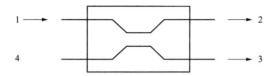

图 3-34 定向耦合器原理示意图

附加损耗表示由耦合器带来的总损耗，定义为总输出光功率 P_F 与总输入光功率 P_S 之比，单位用分贝，表达式为

$$\alpha_e = -10\lg\frac{P_F}{P_S}(\text{dB})$$ （3-22）

分光比是光耦合器所特有的技术术语，它定义为各输出端口光功率之比，如光信号从端口 1 输入，从端口 2 和端口 3 输出，则分光比为

$$T = \frac{P_3}{P_2}$$ （3-23）

一般情况下，光耦合器的分光比为 1:1～1:10，具体由需要来决定。

隔离度是指某一光路对其他光路中的信号的隔离能力。隔离度越高，意味着线路之间的"串话"越小。如定向耦合器，由端口 1 输入光信号功率为 P_1，应从端口 2 和端口 3 输出，端口 4 理论上应无光信号输出。但实际上端口 4 还是有少量光信号输出，则端口 4 输出光功率与端口 1 输入光功率之比的分贝值即为 1、4 两个端口的隔离度。其表达式为

$$A_{1,4} = -10\lg\frac{P_4}{P_1}(\text{dB})$$ （3-24）

一般情况下，要求 $A > 20\text{dB}$。

3.9.1.4 光纤耦合系统设计

为提高系统的信噪比，应尽可能地提高系统中的光路耦合效率。涉及光路耦合的主要有以下两个部分，即激发光源与石英光纤的耦合、石英光纤与光电探测器的耦合。光源与光纤的耦合目的是将激发光源发出的光功率最大限度地输送进光纤中，光纤与探测器的耦合目的是将光纤收集到的荧光最大限度地照射到光电探测器的敏感面上。荧光光纤温度传感系统要求耦合效率高效方便、耦合连接简单。

1. 激发光源与光纤的耦合器

为实现 LED 和光纤的高效率耦合，所加光学系统必须满足以下两点：一是孔

径的要求，即将 LED 窗口范围内的出射光全部收集，并汇聚到光纤的接收角范围内；二是倍率的要求，即将 LED 的芯片成像到光纤的端面上。

根据 LED 和光纤的几何参数确定光学系统的放大率，再由 LED 窗口与芯片之间的距离确定出物像距离，则可得到光学系统的物距和像距，激发光源与光纤耦合原理示意图如图 3-35 所示。由 LED 及光纤的有关数据，得出光束的最大偏转角。

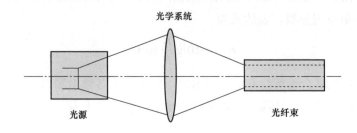

图 3-35　激发光源与光纤耦合原理示意图

根据上述分析，设计激发光源与光纤的耦合器结构示意图如图 3-36 所示。透镜选用两片透镜，透镜 1 准直、透镜 2 聚焦，用压圈固定。

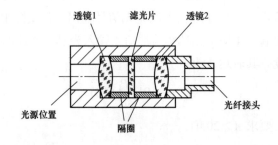

图 3-36　激发光源与光纤耦合器结构示意图

2. 光纤与光电探测器的耦合器

光电探测器的光敏面直径为 2.54mm，光敏面与窗口的距离为 2.2mm，光纤的芯径约为 0.3mm，数值孔径为 0.26mm。由分析可知，光纤与探测器直接耦合不能满足微弱荧光信号探测的要求，因此，采用透镜耦合方式。

根据系统的要求，双耦合器合并为一个光纤耦合器，得到的测温仪光路示意图如图 3-37 所示。光源发出的光经过滤光片 1，再经过耦合透镜进入光纤探头，光纤探头激发出的荧光沿同根光纤传回，先经过耦合透镜，到达滤光片 1 反射，再经过耦合透镜、滤光片 2，最终汇聚到光电探测器上。

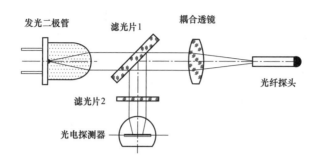

图 3-37　测温仪光路示意图

　　荧光测温是利用荧光本身的特性进行温度的测量，荧光携带着温度信息在光纤中传播，光路的设计目的是使光能够正确地在光纤中传播，并尽可能地使光的损失减少到最小。

　　根据光路走向，光路结构主要由发光二极管、光纤探头、滤光片、耦合透镜、光电探测器五部分组成。发光管采用紫外发光二极管，尽可能使发光管的能量耦合进光纤，这样既能增加光能量同时可以减少系统功耗。

　　紫外发光二极管发出的紫外激发光通过分光片，全反射后耦合进入光纤探头。通过光纤传递将紫外激发光传输到前端荧光材料处，激发荧光材料，使荧光材料激发出荧光，被激发出来的荧光通过同一光纤路径返回，进入分光片，透射后由光学透镜聚焦进入光电转换器进行光电转换。由于在荧光返回的同时紫外光也存在一定能量和荧光一同返回，所以在选择分光片的时候提高了反射紫光及透射荧光的百分比。

3.9.2　元器件选择与设计

3.9.2.1　光纤的选择

　　为实现荧光信号的探测，所用光纤应对应确定波长范围的激发光和荧光有较高的传输效率。所选用光源的中心波长为 405nm 的紫外光，而所选荧光材料的发射中心波长为 650nm 的红光。为提高检测的灵敏度和分辨率，激发光和荧光传输光纤应对紫外光和可见光均有较高的传输效率。选择光纤时，考虑到石英光纤的衰减特性及激发和荧光检测波长，测温系统采用芯径 0.4mm、数值孔径 0.29mm 的阶跃型石英光纤，传输损耗不大于 10dB/km。

3.9.2.2　光电探测器的选择

　　高灵敏度光电探测器是利用内、外光电效应原理制成的，所用材料物理性质不同，光谱测量区域也不同，适于荧光光纤温度测量系统的主要有光电倍增管、光电二极管。由于光电倍增管对环境温度、受光时间、受光强度及电压变化比较敏感，而且价格较高、体积较大，故不适合便携式测量仪器。而 PIN 光电二极管具有光电转换效率高、光谱范围宽、频率特性好、噪声低、使用方便等特点，尤其在价格、体积、工作电压抗外部电磁干扰、抗光强损伤等方面都优于光电倍增管，因此，选用 PIN Si 光电二极管作为荧光光纤温度传感系统荧光信号探测器。

3.9.2.3 滤光片的选择

滤光片可以初步获得单色光，同时可以消除杂散光、瑞利光、拉曼光及杂质发射的荧光等对测量的影响。滤光片中心波长的选择与设计须以光纤有较高传输效率为前提，以荧光材料得到最大的量子效率且杂质的量子效率最低为原则。荧光物质具有一定宽度的吸收光波带，为得到较强荧光，一般不使用窄带滤光片做激发滤光片，因为它致使相当多的光源能量没有被利用。当使用宽带滤光片时，杂散光将被传输到探测器上进而影响系统的精度。因此，需要选择合适的滤光片，只允许荧光物质发射的荧光透过，而阻止其他波长的光通过，特别要求完全截止激发光及其散射光。根据需要，设计制作宽带干涉滤光片，设计透射中心波长为405nm，反射中心波长为650nm。

3.9.2.4 贯通器和法兰盘

要对变压器进行测温需要将信号从主机经过外部光纤传递到内部光纤，然后将温度信号再返回到主机。这就需要在变压器油箱壁上安装一个转接装置。考虑到变压器应用及制作过程中的特点，需要转接装置工作温度到-40～200℃并且需要耐压达到150kPa。贯通器和法兰盘的组合可以实现这一系列功能，贯通器示意和实物图如图 3-38 所示。

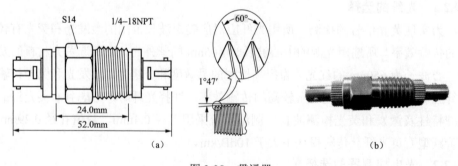

图 3-38 贯通器

（a）贯通器示意图；（b）贯通器实物图

为了减少由于不同材质的热胀冷缩以及螺纹配合考虑法兰盘及贯通器均采用不锈钢 316 材质。法兰盘用于固定贯通器，可安装 1～16 个贯通器。法兰盘配有硅橡胶密封垫，用于和法兰环配合安装在变压器油箱壁上。

通道数为 4、6、8、12、16 贯通法兰的通道号按照图 3-39 排布。

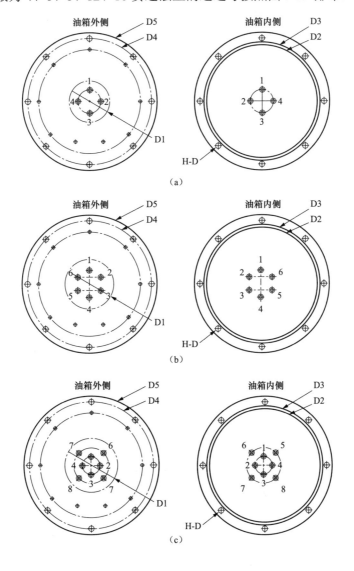

图 3-39　贯通法兰通道号排布顺序（一）

（a）4 通道图案同法兰通道号排布；（b）6 通道图案同法兰通道号排布；

（c）8 通道图案同法兰通道号排布

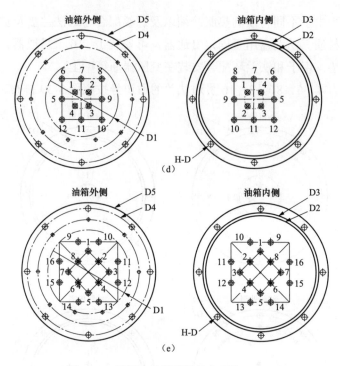

图 3-39　贯通法兰通道号排布顺序（二）

（d）12 通道图案同法兰通道号排布；（e）16 通道图案同法兰通道号排布

贯通法兰及贯通器的性能要求如下：

（1）贯通器和贯通法兰应满足在-40～150℃范围内正常工作。

（2）贯通器和贯通法兰应满足在保持压力 150kPa 的条件下，12h 无渗漏。

（3）贯通器在工作波长下插入损耗应小于 0.5dB。

3.9.3　电路

荧光光纤测温系统电路部分功能可分为：MCU 核心板模块、电源模块、传感器模块、继电器模块、SD 卡存储模块、显示模块、通信模块及 4～20mA 隔离模块 8 大模块，荧光光纤测温电路整体框架图如图 3-40 所示。

荧光光纤温度传感器具有抗电磁干扰、高稳定性、高精度等非常显著的优势，易于在狭小的高压设备内部安装，能很好地适应高压和大电流的检测环境的优点，对高压电气设备内部发热点的最高温度可直接测出。这样就可以做到对温度实时监控，还可以预防事故的发生，同时实时采集运行数据，判断设备的实际负荷能力，预测设备的绝缘寿命，为设备能否超负荷的安全运行提供了科学依据，提高了经济效益。

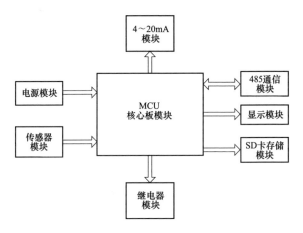

图 3-40　荧光光纤测温电路整体框架图

荧光光纤测温产品电磁兼容设计按照的原则为：寻找系统内部的 EMC 干扰源及其抑制方法。产品内部的 EMC 干扰源主要有：电源产生的振荡尖峰脉冲及其纹波电压；产生和流动大电流的电路和导线等提高易被干扰单元的抗干扰能力，产品中易被干扰的探测器及其前放采取干扰措施，切断和抑制干扰的传播途径。传递途径主要有经导线直接传导耦合、经公共阻抗的耦合、电感性耦合、电容性耦合、电磁场耦合等。设计中需对这五方面的耦合采用各种措施将传播通道切断或削弱措施。

EMC 设计方法和具体的解决措施为：

（1）元器件的选择。在选择数字元器件方面，考虑使用电压变化率小的器件，实现设计功能，以限制数字电路的高频谐波以及线路板上的辐射噪声。模拟电路与数字电路分开，尤其是模拟地与数字地分开。

（2）电路板设计。电路按信号顺序排列，尽量缩短信号线，信号传输距离较长的地方采用屏蔽线传输。采用分别就近供电，并使电源靠近地线，减小了同时接入多路电源而引起的电源线之间的干扰。

（3）电缆及接插件使用。产品中针对低压电源、高压电源、前放模拟信号、数字信号分别选择了有针对性的线缆进行传输，以保证产品的 EMC 性能。屏蔽信号线在终端采用单端屏蔽网接结构壳体的方式处理，另一端采用绝缘包扎处理。

（4）机箱壳体设计。对电子电路增加屏蔽盒，包括光源驱动电路、探测器及前放电路、电机驱动电路和电机驱动电路。因为输入信号微弱，极易受空间电磁干扰的影响，因此前置放大部分应放置于屏蔽盒内，如有必要各级之间也应屏蔽。

（5）滤波器的安装。各集成芯片的供电处安插去耦合电容。产品中采用 EMI

滤波器对电源进行滤波。滤波器均与相应的电源组件安装在同一电路板上，并且将其壳体与电源壳体通过粗覆铜线连接，以保证 EMI 滤波效果。

3.10 测温系统监控软件

3.10.1 软件系统结构

荧光光纤测温系统软件可以分为用户管理、系统设置、温度数据、历史数据、数据库操作、帮助、退出。软件运行在监控主机上，通过荧光光纤测温设备收集所有温度监测装置发送过来的温度数据。监控软件可以显示各监测装置的温度数据，同时把数据存储到数据库中。监控软件还可以对温度数据进行统计。报警设置有超温报警、超高温报警、荧光光纤传感设备报警及测温仪故障报警等方式。监控软件可以通过 RS485 或 TCP/IP 接口输出温度数据。如图 3-41 所示为软件系统结构示意图。

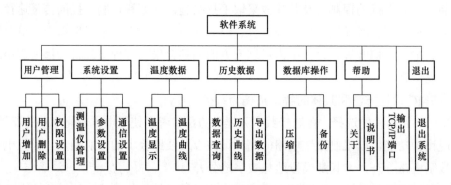

图 3-41　软件系统结构示意图

3.10.2 温度曲线数据

以数字形式实时显示当前所选择测温仪的温度值。当进入设计的记录时间时，系统会自动显示并保存本次记录时间的数据。若监控多台测温仪设备的温度，主界面默认显示为监控系统中的第一台测温仪的温度数据，显示内容为 6 个通道的温度值，正常温度显示为绿色，高温显示为黄色，超高温显示为红色。用户可单击主界面左侧测温仪列表来查看监控系统中任意一台测温仪的工作情况。

以曲线形式实时显示当前所选择测温仪的温度值。曲线界面切换后，可显示当前测温仪设备的曲线，以时间/温度二维方式将该测温仪的温度数据绘制在图表中。

温度异常窗口自动弹出提醒功能。当系统根据检测到的温度数据发现超温异常时，自动在主控程序界面弹出提醒窗口，窗口界面显示测温仪编号、名称、安装地点、负责人姓名、联系电话、超温数据、超温时间等数据，并自动保存至数据库方便后期查询。

3.10.3　数据操作

在该系统中采用本地小型数据库 Access 或者 SQLite 小型跨平台数据库。采用这两者数据库均可方便操作和维护。数据库采用单表结构进行温度数据等信息的存储。

数据库命名 Temp，存储表名称 Temp_Info，用户表名称为 User_Info，用于存数系统登录用户的记录。

采用本地数据库可方便数据库的复制，以便更好地备份数据库以及对数据进行分析，使用本地数据库不需要安装数据库软件，程序直接可以对数据存储进行读取以及修改一系列操作。

1．数据库结构

根据软件界面和结构，设计出测温信息表 E-R 图和用户信息表 E-R 图，如图 3-42 所示。

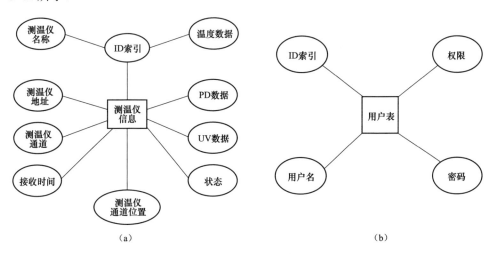

（a）　　　　　　　　　　　　　　　　（b）

图 3-42　测温仪信息表和用户信息表 E-R 图

（a）测温仪信息表；（b）用户信息表

93

2. 数据库逻辑

监控软件自动将荧光光纤测温设备传输来的温度数据等信息进行保存，可供历史数据的查看。系统自动备份数据库的时间可设置，最小以月为单位进行备份，最大以年为单位进行备份，备份后的数据库存放在系统程序根目录下的备份文件夹中，备份数据库根据系统时间进行命名。数据库在备份的同时，系统将会清除正在备份的数据库。

第4章 荧光光纤测温系统材料的绝缘和老化特性

4.1 概述

在电力变压器的能量转换过程中，其中有一部分电能转换为变压器的热能，较高的热能将会导致变压器温升十分明显，进而造成变压器绝缘材料的老化，最终导致变压器绝缘能力和寿命下降。由于变压器内部的绝缘要求较高，发热部位不能使用常用的热电偶测温元件进行直接测量，而监测整体的变压器油温无法准确判断热点的位置和温度，存在不准确、不及时、不直观的缺点。变压器内部绕组等热点温度测量的新技术与新趋势是使用光纤温度传感器进行测量。将光纤传感技术应用于变压器内部与热点温度的测量，首先要解决的是传感光纤在变压器内部的老化和绝缘问题。

由第3章内容可知，传感光纤的纤芯和包层材料一般为 SiO_2，属于一种极其稳定的物质，本质绝缘、耐高温，不与变压器油发生任何反应，其在变压器内部使用原理上不存在任何问题。但单纯的 SiO_2 极其脆弱，容易折断，为此在使用过程中其外表面均涂有保护的涂覆层，涂覆层上包裹有护套。由于光纤测温传感器浸没在变压器油中，除了热环境外同时承受着一定的电场，随着使用时间的增加，光纤护套材料不可避免地会经历老化过程，由于光纤护套材料均采用高分子绝缘材料，在高温作用下，将会发生热老化。根据描述高分子热降解的阿累尼乌斯方程，温度每升高10℃，降解速度近似增大一倍，因此研究在不同温度下光纤护套材料的热降解十分必要。

虽然，光纤传感器在测量性能上已经可以满足电力变压器的在线监测需要，且光纤本身由玻璃纤维制成，具有良好的稳定性，但光纤涂覆层和护套材料若在变压器中过早劣化，光纤传感器其机械强度将严重下降且产生的物质可能会对变压器的安全稳定问题造成威胁。如何保证埋入在绝缘油中的光纤及其附属组件在运行中的可靠性，是在变压器中铺设传感光纤首要考虑和面对的问题。

4.2　绝缘材料老化机理

目前，众多国内外学者对绝缘材料的老化机理进行了很多的研究，也提出了较多的理论模型。对于绝缘材料的老化特性常用的表征手段包括理化特征和电性能测试。根据老化来源可将老化分为单应力老化和多应力老化。单应力老化主要包括热老化、电老化等，主要的多应力联合老化组合为电-热老化。

4.2.1　热老化

热老化主要由于设备在高温下运行引起的绝缘系统的老化。热老化被认为是引起绝缘老化的主要形式之一，温度升高，材料会存在分解甚至断链过程。在热的作用下发生热降解，使大分子链的化学键断开产生小分子链段，并伴随着微观结构的变化。这种物理化学结构的变化最终导致绝缘材料的电性能下降。一般粗略地认为温度每升高 8℃，绝缘材料寿命缩短一半左右，即 8℃法则。但对于不同的绝缘材料，由于构成不同，老化后寿命的衰减程度也有所不同。Dakin 在 1948年提出，热老化实际上是以聚合链分裂等作用为主的化学反应，因此认为热老化遵循化学反应的反应速率与温度的 Arrhenius 关系，即

$$L = A^{\frac{B}{T}} \tag{4-1}$$

式中　L——绝缘寿命；

　　　T——老化温度；

　A、B——反应活化能决定的常数。

通常实际应用中，用来表征绝缘老化特性的特征参量也表示为

$$f(T) = f_0 \, \mathrm{e}^{-\frac{E_t}{kT}} \tag{4-2}$$

式中　$f(T)$——表征绝缘状态的物理量；

　　　E_t——活化能或陷阱能级；

　　　T——老化温度；

　　　f_0——特征常数；

　　　k——玻尔兹曼常数。

4.2.2　电老化

电老化一般情况下是指由于局部电场过高引起材料绝缘性能下降，包括无局

部放电老化和局部放电老化。无局部放电老化主要是由局部电流过大造成热不平衡所引起的局部老化，一般在电场作用时间较长后发生；而局部放电老化是因为材料存在局部缺陷导致该处电场畸变，局部放电发生而导致材料的性能下降。相比于无局部放电老化，局部放电老化更容易发生，而且发生速度更快，危害性更大。绝缘材料在生产制作过程中不可避免地添加各种添加剂，添加剂在热作用下会发生分解等效应。局部放电发生在绝缘材料内部缺陷最严重处，并且伴随着一系列的化学物理变化。放电过程中产生大量的高能粒子，在电场的作用下不断碰撞材料表面，长期局部放电累积效应使其化学键逐渐断裂，分子结构遭到一定程度的破坏；同时，放电粒子撞击表面造成表面形态的腐蚀、碳化、生成微小凹坑等缺陷。

对于材料的电老化寿命的模型有很多学者研究，常见的经验模型主要有反幂规律和指数规律。反幂规律的表达式为

$$L = kE^{-n} \tag{4-3}$$

式中　　L——材料绝缘寿命；

　　　　E——施加的老化电场；

　　k、n——与材料本身有关的常数。

指数规律的表达式为

$$L = c^{-kV} \tag{4-4}$$

式中　　V——老化时间电压；

　　c、k——由实验确定的参数。

4.2.3　电热联合老化

绝缘材料由于结构的复杂和所处应用环境的多样性，往往受到同时受到多种应力的共同作用，多应力老化常见的形式为电热应力联合老化。针对电热联合老化，有很多学者提出各自的模型，主要有 Simoni 模型、Ramu 模型、Fallou 模型、Crine 模型和 Montanari 提出的概率模型等。

4.3　热应力对荧光光纤传感器作用

4.3.1　热应力对传感器功能影响

光纤是一种利用光在玻璃或塑料制成的纤维中的全反射原理而达成的光传导工具。微细的光纤封装在塑料护套中，使得它能够弯曲而不至于断裂。纤芯通常

是由石英玻璃制成的横截面积很小的双层同心圆柱体，它质地脆、易断裂，因此需要外加一保护层。纤芯本身由玻璃制成，玻璃属于无机化合物，耐热能力很强，理论上在变压器内部不会因为承受热应力发生劣化，但仍应验证其光学参数（如衰减系数和温度测量精度等）的变化情况。

4.3.1.1 传输功率

造成光纤衰减的主要因素有本征、弯曲、挤压、杂质、不均匀和对接等。

本征损耗是光纤的固有损耗，包括瑞利散射、固有吸收等。光纤弯曲时部分光纤内的光会因散射而损失掉，造成一定的损耗。光纤受到挤压时产生微小的弯曲也会造成一定的损耗。如果光纤内存在杂质，杂质会吸收和散射在光纤中传播的光，造成传输功率的损失。光纤材料的折射率不均匀也会造成损耗。光纤对接时会产生损耗，如不同轴、端面与轴心不垂直、端面不平、对接心径不匹配和熔接质量差等。在实际的工作中，有时也有必要进行人为的光纤衰减，如用于光通信系统当中的调试光功率性能、调试光纤仪表的定标校正，光纤信号衰减的光纤衰减器。光纤在变压器油中进行 80～140℃ 的加速热老化后的传输功率见表 4-1。

表 4-1　　　　　不同老化状态下光纤传输功率测试结果　　　　　单位：dBm

老化时间（h）　老化温度（℃）	80	100	120	140
0	1.60	1.60	1.57	1.58
48	1.50	1.60	1.50	1.50
96	1.50	1.50	1.52	1.48
144	1.50	1.44	1.45	1.44
192	1.50	1.46	1.45	1.50
240	1.60	1.60	1.57	1.58

可以看出随着老化时间以及温度的增加，光纤传输功率并没有明显地减少。这是由于光纤本身由石英制成，该无机材料在 140℃ 环境中远没有达到老化标准，可以承受的热应力远大于变压器油中产生的热应力。

4.3.1.2 温度测量精度

使用老化后的光纤与传统热电偶温度传感器对 60℃、80℃ 和 100℃ 的变压器油进行温度测量，比较老化后光纤的测温准确性，光纤温度传感器如图 4-1 所示。将热电偶的温度保持在 60℃、80℃ 和 100℃，记录老化后光纤测量的温度值。不同老化状态下光纤传感器测量温度值见表 4-2。

图 4-1　光纤温度传感器

表 4-2　　　　　　　　　　不同老化状态光纤传感器测量温度值　　　　　　　单位：℃

老化时间	测量温度	老化温度			
		80	100	120	140
未老化	60	60.5	59.2	61	59.5
	80	80.4	79.8	81.1	79.9
	100	99.7	100.5	100.2	99.1
48h	60	60.2	59.8	59.4	60.1
	80	79.9	80.5	81.1	78.5
	100	99.8	101	100.4	99.3
96h	60	60.6	59.2	58.3	61
	80	80.6	82.2	79.4	78.5
	100	99.3	98.6	101.2	100.4
144h	60	60.4	59.2	60.7	61
	80	80.4	81	80.7	78
	100	100.5	100.3	99	98.4
192h	60	60.9	59.3	60.3	61.2
	80	80.3	78.8	80.5	78.4
	100	98.3	100.5	98	100.6
240h	60	60.4	60.4	59.6	60.7
	80	78.8	78.6	79.5	79.4
	100	100.4	99.4	98.2	99.4

　　可以看出使用老化后光纤传感器测量的温度与传统热电偶测量结果相差不大，变压器油中热老化温度最高达到 140℃ 时仍然对光纤温度传感器功能的正常实现没有明显的影响。

4.3.2 热应力对传感器护套绝缘性能影响

光的传输介质为光纤，外层包覆有护套材料，由于光纤测温传感器浸没在变压器油中，除了热环境外同时承受着一定的电场，随着使用时间的增加，光纤护套材料不可避免地会经历老化过程，但光纤及护套整个系统没有导电导体的特殊性，无法使用常见的体积电阻率、泄漏电流、介质损耗角正切等老化评估技术进行绝缘状态评估，因此对于变压器光纤温度传感器光纤及护套老化状态需要采用新的方法来评估。

确定光纤护套材料在长期高温作用下哪些性能将会发生变化，是确定采用何种性能评估的基础。首先在长期热作用下，护套材料的分子链发生降解，产生大分子自由基和小分子自由基，这些自由基既可能导致其他大分子链的断裂，引发链式降解过程，少部分的大分子自由基又相互反应，形成类似交联过程，根据其他学者的研究，在热老化过程中，降解仍然是主要过程。其次，受高分子降解作用，护套材料的机械性能可能发生变化，比如抗张强度和断裂伸长率降低或增加，降低或增加由受降解为主还是交联为主决定。再次，尽管根据仿真计算结果可知，护套材料等承受的电场低于 1.2kV/mm，但是由于降解或交联，引起护套材料的表面闪络电场或者护套材料的击穿场强可能降低至 1.2kV/mm，因此研究在长期工作状况下护套材料的表面闪络特性及本体击穿场强的变化十分必要。最后，在上述的热老化过程中，尚未考虑变压器油对护套材料的影响，实际上变压器油作为一种高分子溶剂，对护套材料存在溶解或者溶胀的可能性，并且在长期热老化过程中，二者之间也可能发生化学反应，从而既影响护套材料的性能，又影响变压器油的绝缘性能，因此光纤护套在变压器油中老化后电气性能参数的变化，以及对变压器油绝缘性能参数的影响，是评估光纤护套在长期运行过程中的性能演变的重要方面。

考虑到光纤传感器在变压器中运行时承受的应力特点，确定热老化是引起护套材料性能变化的主要因素，因此研究热老化下护套材料的特性参数十分必要，而表征护套材料的特性参数可以从化学结构、机械性能及电气性能方面入手。其中化学结构的变化，可以通过红外光谱中是否出现特征吸收峰确定，它既可以作为护套材料化学结构发生与否的判据，同时也可以作为变压器油是否发生与护套材料相关的化学反应的依据，因此在本研究项目中，采用红外光谱作为化学反应发生与否的依据。考虑到光纤传感器安装在变压器绕组中，可能受变压器绕组的变形、振动及冷热收缩等的影响而存在机械应力，并可能受这些机械应力的作用而导致护套材料的破损甚至断裂，由此影响到光纤本体的断裂，即护套材料的抗张强度以及断裂伸长率是保证护套能够实现对光纤本体保护作用的关键，因此在项目研究中，拟对热老化过程中光纤护套材料的机械性能的变化进行研究。

4.3.2.1　材料热老化后的外观变化

在热应力作用下，光纤护套材料会发生不同程度的老化，这会直接影响变压器的内绝缘强度。本书选取 PU、PVC、TPEE 和 PTFE 四种护套材料在 130℃下进行 24d（576h）加速热老化实验（参照蒙辛格热老化规则对绝缘材料剩余寿命进行估计，变压器正常运行 21.16 年等效于在 130℃运行 576h），老化期间光纤护套的形变结果如图 4-2 所示。

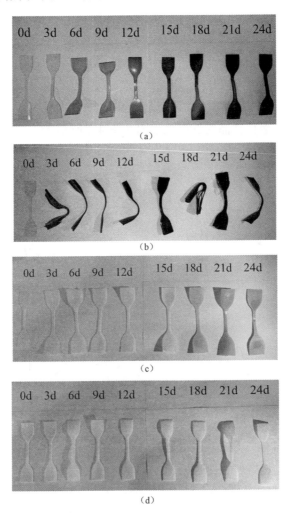

图 4-2　加速热老化后护套外观变化

（a）加速热老化后聚氨酯（PU）外观变化；（b）加速热老化后耐油聚氯乙烯（PVC）外观变化；
（c）加速热老化后热塑性聚酯弹性体（TPEE）外观变化；（d）加速热老化后聚四氟乙烯（PTFE）外观变化

由图 4-2 可知，在油中加速热老化后，四种材料的老化状态呈现较大差异。聚氨酯（PU）材料老化 6d 后即收缩［如图 4-2（a）所示］，老化 12d 后材料表面出现明显裂纹，随着老化时间增加，材料的颜色逐渐加深呈黑褐色。耐油聚氯乙烯（PVC）材料老化 3d 后即硬化、变形、材料颜色呈黑色［如图 4-2（b）所示］，直至老化末期。热塑性聚酯弹性体（TPEE）材料老化 3d 后即溶胀［如图 4-2（c）所示］，老化 15d 后材料的颜色逐步加深呈褐色。聚四氟乙烯（PTFE）材料老化期间性状未发生明显变化［如图 4-2（d）所示］。在加速热老化期间，聚氨酯（PU）、耐温聚氯乙烯（PVC）、热塑性聚酯弹性体（TPEE）材料的颜色均不同程度加深，并与同一老化程度的变压器油样颜色相同，表明长时间高温浸泡老化已经使变压器油渗入护套材料，这对于光纤护套的正常使用具有较大的危害性。

4.3.2.2 材料红外光谱特性

1. 聚氨酯护套的傅里叶红外光谱

聚氨酯护套未老化样品的红外光谱图如图 4-3 所示。

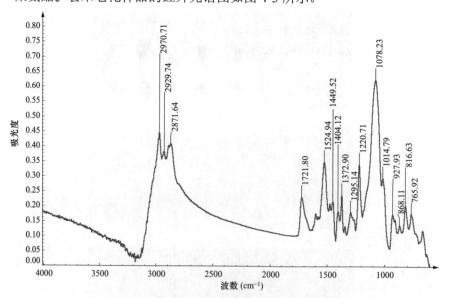

图 4-3　未老化聚氨酯护套样品的红外光谱图

聚氨酯材料是指含有氨酯键的高分子聚合物，一般由聚醚、扩链剂和交联剂组成。在波数 2800～3000cm^{-1} 处存在甲基、亚甲基振动峰。在波数 1720cm^{-1} 左右存在羧基，对于在 1700～1740cm^{-1} 处较强的吸收谱带，受羧基所处环境的影响较大。任志勇等人通过对合成的一种聚酯型脂肪族 PU 的红外光谱分析，认为 1740cm^{-1} 左右为软段游离的酯羧基 C=O，1720cm^{-1} 左右为硬段游离氨基甲酸酯的羰基，1690cm^{-1} 左右为硬段氢键化的羰基，而类似的芳香族 PU 在此区间只显示一个宽强峰。在 1430cm^{-1} 波数左右存在很强的苯环 C=C 骨架振动，以及 1100cm^{-1} 和 1250cm^{-1} 波数左右的醚基 C-O-C 振动和酯基 C-O 振动。

加速热老化期间的聚氨酯护套试样红外光谱如图 4-4 所示。

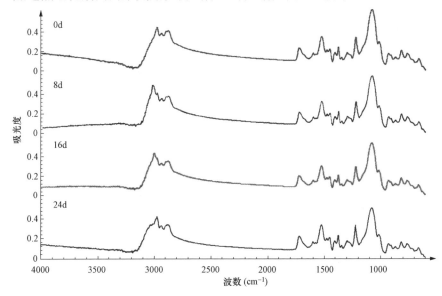

图 4-4　加速热老化期间的聚氨酯护套试样红外光谱

随着老化的进行，波数 1720cm^{-1} 左右的羰基强度逐渐减小；波数 1100cm^{-1} 和 1250cm^{-1} 左右的醚基 C-O-C 振动和酯基 C-O 振动强度也有所减弱；而苯环骨架以及甲基、亚甲基的振动强度没有明显的减弱。由上述结果可以得出在变压器油中热老化过程中，聚氨酯护套材料的酯基 C=O 和 C-O 以及醚基 C-O-C 可能发生断键和分解过程。这些特征基团的红外光谱强度变化可以作为老化的指示基团。

2. 耐油聚氯乙烯护套的傅里叶红外光谱

耐油聚氯乙烯护套未老化样品的红外光谱图如图 4-5 所示。

在波数 2800～3000cm^{-1} 处存在甲基、亚甲基振动峰。在 1426cm^{-1} 处存在 CH$_2$-CHCl 的伸缩振动，在波数 1334cm^{-1} 和 1254cm^{-1} 出现 CHCl 伸缩振动。由于低波数处设备的分辨率所限，波数 693cm^{-1}、614cm^{-1} 左右的 C-Cl 伸缩振动较难定量比较。

加速热老化期间的耐油聚氯乙烯护套试样红外光谱如图 4-6 所示。

由图 4-6 可知，在红外光谱的可识别范围内，随着老化的进行，甲基、亚甲基的振动峰吸收强度逐渐降低，吸收峰变得平缓，CH$_2$-CHCl 与 CHCl 的伸缩振动峰强度在热老化后期下降更大，结果表明随着老化程度的加深，耐油聚氯乙烯护套试样的内部材料发生分解。

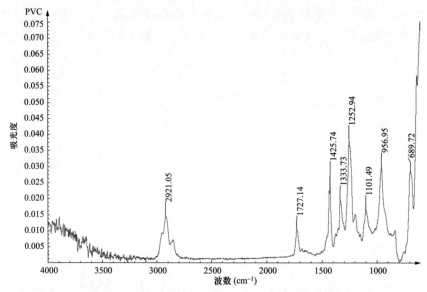

图 4-5　未老化耐油聚氯乙烯护套样品的红外光谱图

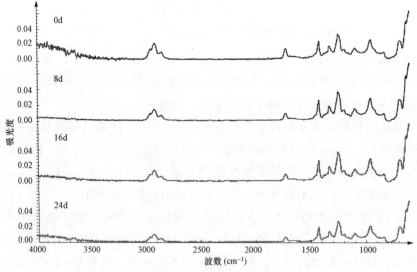

图 4-6　加速热老化期间耐油聚氯乙烯护套试样红外光谱

3. 热塑性聚酯弹性体护套的傅里叶红外光谱

热塑性聚酯弹性体也称聚酯橡胶，是一类含有聚对（苯二甲酸丁二醇酯）聚酯硬段和脂肪族聚酯或聚醚软段的线型嵌段共聚物，具有优异的抗弯曲疲劳性能和极好的瞬间高温性能。未老化 TPEE 护套样品的红外光谱图如图 4-7 所示。

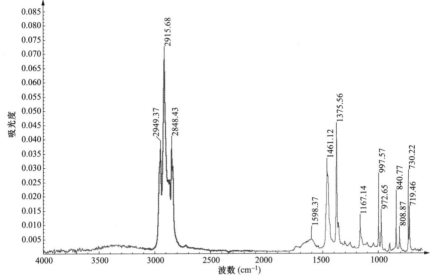

图 4-7　未老化 TPEE 护套样品的红外光谱图

在波数 1640cm^{-1} 和 1540cm^{-1} 左右存在酰胺Ⅰ、Ⅱ的吸收峰。在波数 3070cm^{-1}、2960cm^{-1} 和 2860cm^{-1} 附近存在 NH、CH$_2$、CH 键的吸收峰。在波数 1440cm^{-1} 和 1470cm^{-1} 附近为 TPEE 的特征吸收峰。

加速热老化期间的 TPEE 护套试样红外光谱如图 4-8 所示。

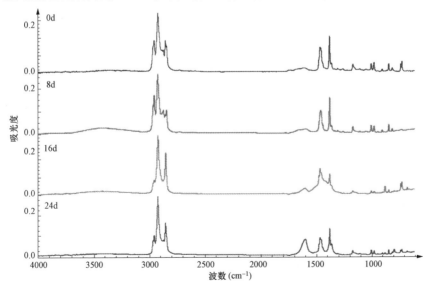

图 4-8　加速热老化期间 TPEE 护套试样红外光谱

130℃老化后 TPEE 护套试样的红外光谱局部放大图如图 4-9 所示。

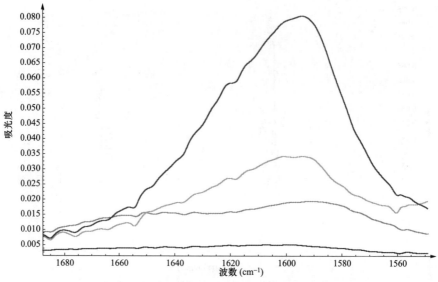

图 4-9　130℃老化后 TPEE 护套红外光谱局部放大图

由图 4-9 可知，随着老化时间的增加，酰胺Ⅰ吸收峰逐渐增加强；酰胺Ⅱ吸收峰强度大幅下降；3070cm⁻¹ 左右的 NH 吸收峰、1440cm⁻¹ 和 1470cm⁻¹ 附近的尼龙 12 特征吸收峰强度逐渐降低，变得平缓；CH_2、CH 键的吸收峰变化不明显。

4. 聚四氟乙烯护套的傅里叶红外光谱

未老化聚四氟乙烯护套样品的红外光谱图如图 4-10 所示。

如图 4-10 可知，聚四氟乙烯的主要官能团红外吸收峰的频率在 1400～400cm⁻¹ 之间，1300～1100cm⁻¹ 区域的红外吸收峰主要归属于 F-C-F 伸缩振动模式，700～400cm⁻¹ 区域的红外吸收峰主要归属于 F-C-F 弯曲振动模式。

加速热老化期间的聚四氟乙烯护套试样红外光谱如图 4-11 所示。

由图 4-11 可知，在红外光谱的可识别范围内，随着老化的进行，主要官能团吸收峰的位置和强度均未发生明显变化，即聚四氟乙烯在油中老化后性状稳定。

综合图 4-3～图 4-11，可得到以下结论：

（1）对于聚氨酯护套材料，随着老化的进行，波数 1720cm⁻¹ 左右的羰基强度逐渐减小；波数 1100cm⁻¹ 和 1250cm⁻¹ 左右的醚基 C-O-C 振动和酯基 C-O 振动强度也有所减弱；而苯环骨架以及甲基、亚甲基的振动强度没有明显的减弱。由此可见在变压器油中热老化过程中，聚氨酯护套材料的酯基 C=O 和 C-O 以及醚基 C-O-C 可能发生断键和分解过程。这些特征基团的红外光谱强度变化可以作为老化的指示基团。

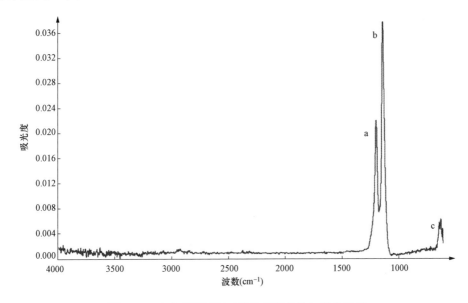

图 4-10　未老化聚四氟乙烯护套样品的红外光谱图

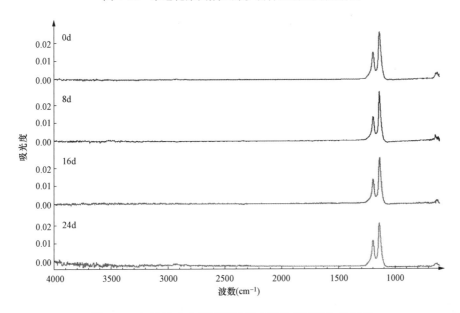

图 4-11　加速热老化期间聚四氟乙烯护套试样红外光谱

（2）对于耐油聚氯乙烯护套材料，随着老化的进行，甲基、亚甲基的振动峰吸收强度逐渐降低，吸收峰变得平缓，CH_2-CHCl 与 CHCl 的伸缩振动峰强度在热老化后期下降更大，结果表明随着老化程度的加深，耐油聚氯乙烯护套试样的内部材料发生分解。

（3）对于 TPEE 护套材料，随着老化时间的增加，酰胺 I 吸收峰逐渐增加强；酰胺 II 吸收峰强度大幅下降；$3070cm^{-1}$ 左右的 NH 吸收峰、$1440cm^{-1}$ 和 $1470cm^{-1}$ 附近的 TPEE 特征吸收峰强度逐渐降低，变得平缓；CH_2、CH 键的吸收峰变化不明显。

（4）对于聚四氟乙烯护套材料，加速热老化期间，主要官能团吸收峰的位置和强度均为发生明显变化，即聚四氟乙烯在油中老化后性状稳定。

4.3.2.3　材料机械拉伸性能

在 GB/T 11026.2—2012《电气绝缘材料　耐热性　第 2 部分：试验判断标准的选择》中指出对于同轴型绝缘管使用断裂伸长率降低到未老化试样的 50% 作为材料的热寿命终点，因此对试样的机械拉伸特性进行实验测量能够给出材料基于机械性能的判定，对于老化状态的评估有指导意义。使用美国 Instron 公司的型号为 Instron4465 的万能拉力试验机对不同老化温度下经过不同老化时间的试样进行拉伸实验，参照标准 IEC 60684-2 准备试样和设置实验参数。在 25℃下，以 250mm/min 的拉伸速率进行拉伸测试，得到断裂伸长率和拉伸强度。

断裂伸长率是指实验断裂时，标尺所标记的位置与初始标记的位置的距离的增加百分比。对于绝缘材料，通常利用断裂伸长率来判定材料的柔韧性和力学性能。在绝缘材料寿命评估中，断裂伸长率损失 50% 经常被用来表示绝缘材料达到寿命终止的一个指标。拉伸强度是在外力作用下，材料抵抗永久变形和破坏的能力。在拉伸试验中，试样直至断裂为止所受的最大拉伸应力即为拉伸强度，其结果以 MPa 表示。对各老化状态下的试样在 25℃下，以 250mm/min 拉伸速率进行拉伸测试，得到断裂伸长率和拉伸强度。

加速热老化期间的聚氨酯、耐油聚氯乙烯、热塑性聚酯弹性体、聚四氟乙烯试样的断裂伸长率和拉伸强度分别如图 4-12 和图 4-13 所示。

如图 4-12 和图 4-13 所示，在加速热老化后，护套材料的机械性能变化各不相同。聚氨酯护套材料在老化初期（小于 120h），断裂伸长率急剧下降，降至未老化试样伸长率的 50% 以下，老化中后期断裂伸长率下降缓慢逐步接近 0，相应的拉伸强度在加速热老化期间期也是先大幅下降，后期降幅减小。耐油聚氯乙烯护套试样在加速热老化期间断裂伸长率轻度下降，远远高于未老化试样的

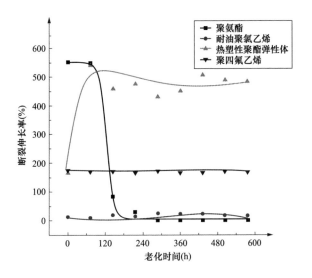

图 4-12　四类护套材料断裂伸长率

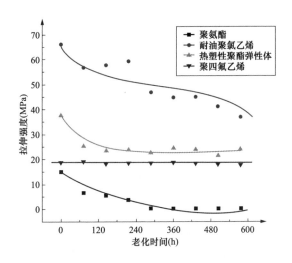

图 4-13　四类护套材料拉伸强度

断裂伸长率的 50%，但老化后的材料明显变硬，相应的拉伸强度在老化期间存在波动，在老化 120～240h 期间略有升高，老化后期下降趋势明显，整个老化期间拉伸强调下降的幅度远大于上升的幅度。热塑性聚酯弹性体护套试样在加速热老化初期（小于 120h）断裂伸长率大幅升高，为未老化材料的 3.25 倍，具体表现为材料的弹性增强，在老化中后期断裂伸长率曲线趋于平缓，相应的拉伸强度在老化初期（小于 120h）下降幅度更大，老化中后期曲线趋于平缓。聚四氟乙烯护套试样在加速热老化期间断裂伸长率相比于未老化试样的断裂伸长率几乎没有明显下降，远远高于未老化试样的断裂伸长率的 50%。相应的拉伸强度也没有明显的下降。

综上所述，评估不同护套材料的机械拉伸性能，需要综合护套材料老化前后的性能参数进行比较。未老化的光纤护套材料中，聚氨酯材料具有较高的断裂伸长率，耐油聚氯乙烯材料具有较高的拉伸强度，热塑性聚酯弹性体材料和聚四氟乙烯材料机械性能相近。但在变压器油中加速热老化后，聚氨酯材料的断裂伸长率大幅下降，在老化 120h 左右即降至未老化试样伸长率的 50%以下。耐油聚氯乙烯材料的拉伸强度在老化期间存在波动，老化末期明显下降，同时其断裂伸长率极低，弹性较差。热塑性聚酯弹性体材料在加速热老化初期（小于 120h）断裂伸长率大幅升高，为未老化材料的 3.25 倍，弹性增强，但其拉伸强度在老化期间明显下降。聚四氟乙烯材料的初始机械性能为四种材料中的中等水平，但在加速热老化期间其断裂伸长率和拉伸强度均未明显下降。在高温油中加速热老化后，四种材料的稳定性由强到弱依次为：聚四氟乙烯护套材料、热塑性聚酯弹性体护套材料、耐油聚氯乙烯护套材料、聚氨酯护套材料。

4.3.2.4 材料沿面闪络特性

长期浸没在变压器油中使用的传感光纤，不像电缆等同轴电力设备具有中心导体，其芯主要是石英玻璃或者聚合物绝缘材料，因此光纤在变压器内部发生的绝缘失效大部分是沿面的放电。对聚四氟乙烯、热塑性聚酯弹性体、耐油聚氯乙烯和聚氨酯光纤采用沿面布置的电极进行沿面闪络实验，探究沿面闪络电压与护套老化状态的关系。采用平板沿面电极布置形式，两电极之间距离 5mm，按 2kV/s 的升压速度施加交流电压直到沿面闪络放电发生。

在大量实验研究的基础上，研究人员对沿面闪络的机理进行探讨，形成了一定的共识。按照时间发展顺序，首先，在外加电场的作用下，阴极、介质材料和空气三种不同材料的结合点处由于介电常数的不连续，电场发生畸变。随着施加场强的增加，阴极开始场助热电子发射，发射出的电子在电场作用下与绝缘介质表面不断撞击，能量的交换产生二次电子，而新产生的二次电子继续轰击表面，该过程不断重复，放电不断发展，直至抵达另一电极，闪络也因此形成。由此可以看出，介质表面的绝缘状态将影响二次电子的产生和发展，进而影响整个闪络的进程。

聚氨酯、耐油聚氯乙烯、热塑性聚酯弹性体和聚四氟乙烯护套的闪络电压平均值和误差分别见表 4-3～表 4-9。各类光纤护套材料沿面闪络电压平均值与老化时间的曲线如图 4-14 所示。

表 4-3　　　　　　　　　　聚氨酯闪络电压有效值和误差

老化时间（d）	击穿电压平均值（kV）	误差上限（kV）	误差下限（kV）
0	29.21	0.7	0.9
3	21.05	1.3	2.2
6	22.5	2.6	1.4
9	20.67	1.5	0.7
12	18.93	0.4	0.5
15	21.57	1.7	1.2
18	17.19	0.3	0.8
21	15.74	0.9	1
24	12.08	1.2	1

表 4-4　　　　　　　　　　耐油聚氯乙烯闪络电压有效值

老化时间（d）	击穿电压平均值（kV）	误差上限（kV）	误差下限（kV）
0	34.48	1.7	1.1
3	28.92	1.8	1.5
6	24.19	1.7	1.2
9	22.50	0.4	1.8
12	21.28	1.5	0.5
15	13.80	1.2	0.4
18	10.65	1.4	1.2
21	10.31	0.3	0.8
24	9.20	0.4	0.3

表 4-5　　　　　　　　　　热塑性聚酯弹性体闪络电压有效值

老化时间（d）	击穿电压平均值（kV）	误差上限（kV）	误差下限（kV）
0	39.25	0.4	0.7
3	31.50	0.9	1.3
6	30.92	1.6	1.2
9	31.37	1.3	2.1

老化时间（d）	击穿电压平均值（kV）	误差上限（kV）	误差下限（kV）
12	40.59	0.3	0.2
15	40.20	1.2	0.7
18	36.21	1.6	1.2
21	38.1	1.7	1
24	38.52	1.1	0.9

表 4-6 聚四氟乙烯闪络电压有效值

老化时间（d）	击穿电压平均值（kV）	误差上限（kV）	误差下限（kV）
0	39.50	0.3	0.2
3	41.72	1.1	0.8
6	42.15	1.2	1.9
9	40.89	1.8	1.3
12	42.40	1.2	1
15	40.81	1.4	2.2
18	43.10	0.8	1.5
21	45.19	0.4	1.1
24	49.11	1.1	0.2

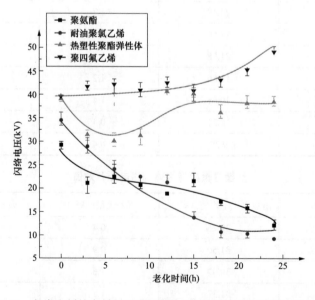

图 4-14 各类光纤护套材料沿面闪络电压平均值与老化时间关系曲线

由图 4-14 可知，聚氨酯护套和耐油聚氯乙烯护套的闪络电压平均值在加速热老化期间随着老化时间增加而减小；热塑性聚酯弹性体护套的闪络电压平均值随老化时间先下降后上升，下降主要集中在老化前 10d；聚四氟乙烯护套的闪络电压平均值在老化期间略有升高。由于护套在制造工程中需要添加各种添加剂，而添加剂作为杂质，在热应力的作用下会逐步分解，使得材料的杂质含量逐渐减少；而同时，随着老化的进行，试样由于材料的分解或者化学键的断裂，缺陷也会逐渐增多。因此影响沿面闪络电压值的因素除了表面状态之外，还有材料本身的性质变化。目前研究者对于沿面闪络的机理研究按照发展的顺序主要分为闪络的引发和闪络的发展。三结合点处作为电场的畸变点，常常被认为是闪络的引发位置，而表面的陷阱对材料的沿面闪络的发展还处于讨论阶段。

4.4　光纤对变压器油热老化特性影响

光纤结构分为纤芯、包层、涂覆层和护套层，其中纤芯和包层均为石英，普通光纤的涂覆层一般为丙烯酸酯（Acrylate），耐高温光纤涂覆层为聚酰亚胺（Polyimide，PI）。下文将介绍不同涂覆层材料光纤在变压器油中进行 130℃热老化对油老化特性的影响规律，并加入 PTFE 护套光纤进行对比分析。特征量包括微水、酸值、傅里叶红外光谱等理化特性及介质损耗、体积电阻率、击穿电压等电气特性。

4.4.1　变压器油的热老化机理

变压器油中引入光纤是否对变压器油本身的绝缘性能产生影响，这个问题也需要通过对老化后的绝缘油进行理化测试及电学测试来探究。对各个老化状态下的变压器油采用红外光谱可以研究其官能团结构的变化情况，采用半球电极对变压器油进行交流击穿实验可以评估其电绝缘性能。

变压器油是由烷烃、环烷烃、芳香烃等碳氢化合物和非烃化合物（除碳、氢原子外，原油分子结构中还含有硫、氮、氧等原子的化合物）组成的混合物。在电、热等非正常故障下（如电弧、局部过热等），变压器油烃类中的 C-H 键和 C-C 键断裂，生成少量活泼的氢原子和碳氢化合物的自由基，氢原子或自由基通过复杂的化学反应重新组合，形成氢气和低分子烃类气体，如 CH_4、C_2H_6、C_2H_4、C_2H_2 等。在温度、氧气作用下，变压器油氧化生成醇、酮、酸等氧化物及酸性化合物，同时生成少量的 CO 和 CO_2，随着故障能量和作用时间的增加甚至可形成碳氢聚合物及固体碳粒。

4.4.2 变压器油理化特性

4.4.2.1 微水含量

绝缘油的微水含量是反映变压器绝缘性能的重要技术参数之一。油中微水不仅能降低绝缘系统的击穿电压、增加介质损耗，而且还将直接参与油纸纤维等高分子材料的化学降解反应，促使这些材料降解老化，从而加速绝缘系统的劣化。不同材料绝缘油微水含量变化曲线如图 4-15 所示。

从图 4-15 中可以看出，在老化初期纯油样微水含量增加缓慢，含光纤的油样均有明显增加，在老化 360h 后各油样的微水含量增加速率基本一致；含普通裸纤的油样微水含量始终最大，在老化 600h 后其微水含量比纯油样增加了 29.7%；含 PI 涂覆层的耐高温光纤在老化末期微水含量与纯油接近， PTFE 紧套光纤可以有效抑制普通光纤涂覆层对油中微水含量的影响，微水含量与纯油样相比增加了 7.8%。

4.4.2.2 酸值

酸值可以准确评定运行变压器中油老化程度，其值越高则油老化程度越深，对设备危害越大，常见危害有腐蚀设备、提高油的导电性、降低油的绝缘强度等。不同材料酸值变化曲线如图 4-16 所示。

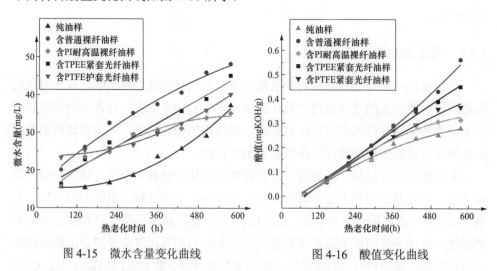

图 4-15　微水含量变化曲线　　　图 4-16　酸值变化曲线

在 130℃老化过程中含光纤的油样酸值均比纯油样的大，呈单调递增趋势。含普通裸纤的油样酸值油样最高，在老化 600h 后比纯油样的酸值增加了 101.4%；

含 PI 涂覆的耐高温光纤对油中酸值影响最小，最终比纯油样增加了 12.5%；含紧套光纤油样酸值则介于两种裸纤之间，老化后期比纯油样增加了 31.5%。

4.4.2.3　红外光谱

昆仑润滑油公司生产的 25 号环烷基变压器油，其主要由烷基、环烷和芳香烃混合组成。未老化变压器油红外光谱如图 4-17 所示。

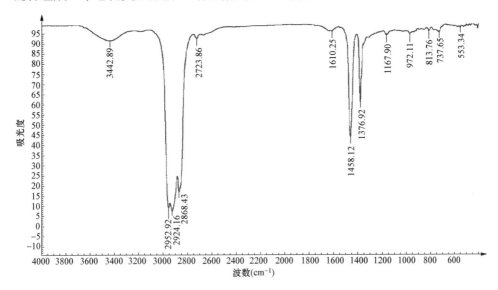

图 4-17　未老化变压器油的红外光谱

光谱图中出现一些吸收波峰，分别与相应的官能团对应。

（1）比较明显的吸收峰分布在两处，分别在波数 2800～3000cm^{-1} 和波数 1350～1500cm^{-1} 范围内。吸收强度最大的三个位置为波数 2952cm^{-1}、2924cm^{-1} 和 2868cm^{-1}，分别对应着甲基-CH$_3$-反对称伸缩振动、亚甲基-CH$_2$-反对称伸缩振动和甲基-CH$_3$-对称伸缩振动。另外在波数 1458cm^{-1} 和 1377cm^{-1} 位置处有两个尖锐的次强的吸收峰，对应着亚甲基-CH$_2$-的变角振动和甲基-CH$_3$-的对称变角振动。上述红外光谱中 5 个峰的强度远大于其他峰的强度，说明了该变压器油的主要成分为链状烷烃与环烷烃，符合常见的变压器油成分描述。

（2）波数低于 1700cm^{-1} 部分出现若干较弱的吸收峰，位于波数 1610cm^{-1}、1168cm^{-1}、972cm^{-1}、813cm^{-1} 和 726cm^{-1} 位置处，分别对应着苯环骨架振动、异丙基-C（CH$_3$）$_2$-的 C-C 对称伸缩振动、C=C 双键弯曲振动、甲基-CH$_3$-摇摆振动和亚甲基-CH$_2$-的摇摆振动。红外光谱中出现弱的苯环的相关振动表明该变压器油中也存在着少量的芳香烃类化合物。

（3）在波数 3400cm^{-1} 附近出现宽且较弱的吸收峰，这是由于水缔合羟基的伸缩振动造成的，表明了实验用油中还是存在着少量的水分。

红外光谱与分子结构密切相关，绝缘油的主要官能团对应于红外光谱吸收峰位置，官能团的数量大小对应于吸收峰强度。试验用矿物油为环烷基变压器油，其主要成分是由烷基、环烷和芳香烃混合组成。本实验首先测量了新矿物绝缘油的红外光谱，如图 4-18 所示。

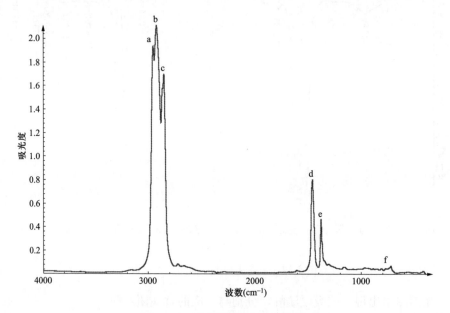

图 4-18　新矿物绝缘油红外光谱

吸收峰 a～f 代表的信息，即新矿物绝缘油吸收峰归属见表 4-7。

表 4-7　　　　　　　　　　　　新矿物绝缘油吸收峰归属

编号	吸收峰位置（cm^{-1}）	归　　属
a	2952	甲基 C-H 不对称伸缩振动
b	2923	亚甲基 C-H 不对称伸缩振动
c	2868	甲基 C-H 对称伸缩振动
d	1461	亚甲基 C-H 弯曲振动
e	1377	甲基 C-H 弯曲振动
f	972	碳环 C-C 弯曲振动

经过不同老化时间的纯油样和各类含纤油样的红外光谱如图 4-19 所示。

对各类油样的特征峰值进行比较，各类绝缘油红外光谱特征峰值变化曲线如图 4-20 所示。

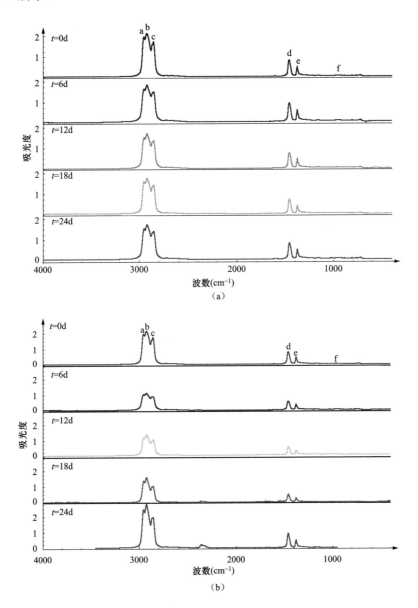

图 4-19　经过不同老化时间的各类油样红外光谱（一）

（a）纯油样；（b）普通裸纤油样

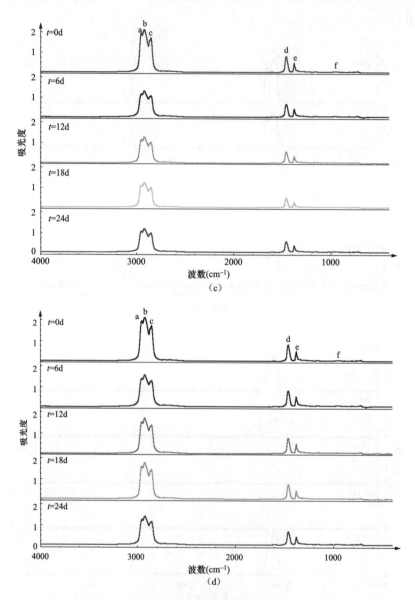

图 4-19　经过不同老化时间的各类油样红外光谱（二）

（c）含 PI 裸纤油样；（d）含 PTFE 紧套光纤油样

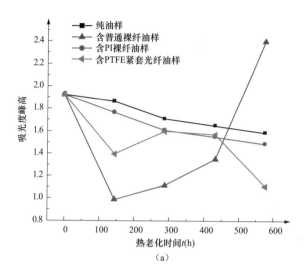

（a）

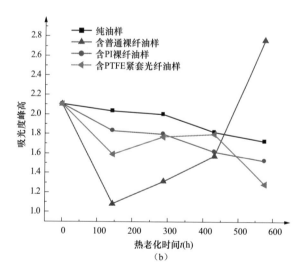

（b）

图 4-20 各类油样的红外光谱特征峰值变化曲线（一）

（a）绝缘油特征峰 a 的峰高；（b）绝缘油特征峰 b 的峰高

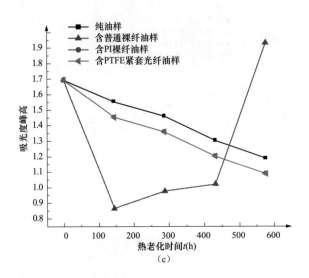

（c）

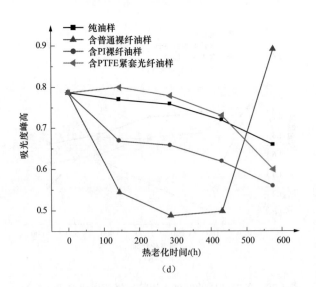

（d）

图 4-20　各类油样的红外光谱特征峰值变化曲线（二）

（c）绝缘油特征峰 c 的峰高；（d）绝缘油特征峰 d 的峰高

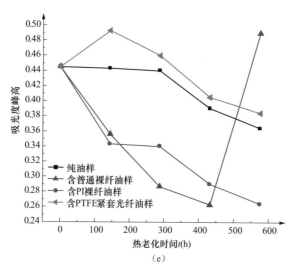

图 4-20　各类油样的红外光谱特征峰值变化曲线（三）

（e）绝缘油特征峰 e 的峰高

由图 4-19 和图 4-20 可知，随着老化时间的增加，主要吸收峰 a～f 的位置没有变化，这是因为油中主要元素 C、H 构成的分子构架不变，但是吸收峰的强度在热老化期间有变化，在热老化前期，图 4-20（a）～（d）中吸收峰强度均降低，这说明含纤油样的特征基团受到一定程度的破坏。而在热老化中期，除纯油样和含 PI 裸纤油样的吸收峰强度继续下降，其余含纤油样的吸收峰强度均升高，这是因为光纤护套材料发生热解，护套的大分子链存在断裂情况，部分甲基和亚甲基等老化产物溶于油中，而且溶解的速率大于油老化的速率，使得吸收峰的强度增加。油中游离 H$^+$ 和烃基会促进微水含量和酸值进一步增加。在热老化后期，图 4-20 含普通裸纤油样的吸收峰的强度继续升高，这表明普通裸纤在高温下持续老化，而图 4-20（d）～（e）中各吸收峰强度降低，这表明油的劣化占主导，油样中的 ETFE 材料老化速率降低。

由图 4-19 和图 4-20 可以看出，不同老化情况下波数 3000～2800cm^{-1} 及 1500～1300cm^{-1} 处吸收峰几乎没有变化，油在老化过程中 C-H 主要吸收峰的位置均没有太大变化。这是由于矿物油中主要元素 C、H 构成分子的基本构架不变所致。但波数在 1730cm^{-1} 和 2722cm^{-1} 处分别出现有不饱和 C=C 上 C-H 和 C=O 伸缩振动吸收峰，且吸收峰强度随着老化程度的增加而增大。表明了随着老化的进行，变压器油中有醛类产物生成。

随着老化的加深，在波数 1720cm^{-1} 和 1740cm^{-1} 处出现两个吸收峰，分别是醛和羧酸中的 C=O 的伸缩振动峰。可以将羧基基团认为是表征变压器油老化的特征基团。随着老化时间的增加，醛进一步形成羧酸，老化程度加剧。

红外光谱分析结果表明了热老化过程中氧化反应起了主要作用。一般认为，新油在与空气的接触中逐渐吸收氧气，初期吸收的氧气与油中的不饱和碳氢化合物反应，形成饱和的化合物，这段时间称为初期。之后油再吸收氧气，生成稳定的油的氧化物和低分子的有机酸如蚁酸、醋酸等，也有部分高分子有机酸，如脂肪酸、沥青酸等，这段时间称为中期。以后油进一步氧化，油中酸性产物的浓度达到一定程度时，产生加聚和缩聚作用，生成中性的高分子树脂及沥青等，使得油呈凝胶状态，最后成为固体的油泥沉淀。在加聚和缩聚过程中同时析出水分，这段时期称为后期。

4.4.3 变压器油电气特性

介质损耗因数（$\tan\delta$）和体积电阻率 $[\,\rho(\Omega\cdot m)\,]$ 都能有效反映电力用油油质劣化程度，并作为判断油质老化或受污染程度的依据。如图 4-21 和图 4-22 所示分别为介质损耗和体积电阻率变化曲线。

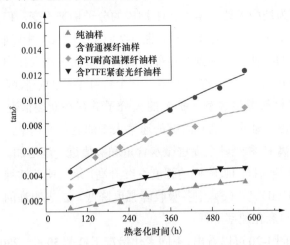

图 4-21　介质损耗因数变化曲线

从图 4-21、图 4-22 可知，变压器油的介质损耗随老化时间的增加而逐渐增加，含光纤的油样相对纯油样的介质损耗值均有不同程度的增大。裸纤对油介质损耗影响最大，在老化 600h 后含普通裸纤和 PI 涂覆的耐高温裸纤油样比纯油样分别增加了 268.7% 和 179.6%，含紧套光纤的油样仅比纯油样增加了 40% 左右。

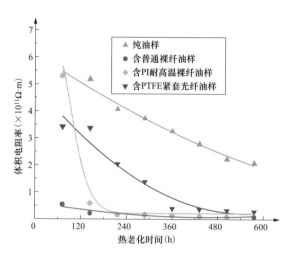

图 4-22　体积电阻率变化曲线

含两种裸纤的油样的体积电阻率在老化初期下降速率最快,在老化 240h 后就达到老化后期的水平,在老化后期的体积电阻率仅为纯油样的 5%;含紧套光纤的油样体积电阻率下降较缓,但老化 600h 后也仅为纯油样的 10%左右。

4.4.4　数据分析

由于热老化过程会产生水分、酸和大量的烃基及弱 C-O 键,极大增加油中的带电质点含量,众多带电质点在电场作用下沿交变电场的方向做往复的有限位移和重新排列,而质点来回移动需要克服质点间的相互作用力,即分子间的内摩擦力,这样就造成很大的能量损耗。微量电离杂质、胶体杂质及水分均会使得油的体积电阻率降低。普通裸纤在热老化过程中涂覆层会发生老化反应并溶解在油中,导致油的微水、酸值、介质损耗和体积电阻率等参数出现显著变化。

PI 涂覆光纤采用热稳定性高的聚酰亚胺涂层,理论使用温度可达 300℃。老化后期的微水含量、酸值均与纯油样的结果相近,但对油介质损耗和体积电阻率变化较大,导致油绝缘性能下降严重。

紧套光纤由于增加了护套层,对涂覆层起到保护作用,在绝缘油中的热稳定性有明显提高,对绝缘油热老化特性的影响主要取决于护套材料的耐热和油相容性能力,因此应选用热稳定性较好的护套材料。PTFE 护套材料能够有效抑制涂覆层在油中的老化反应对微水、酸值、介质损耗等老化特性参数的影响。同时 PTFE 紧套光纤价格比 PI 耐高温光纤低得多,使用耐高温紧套光纤有助于控制成本。

第 5 章 荧光光纤测温传感器安装与应用

5.1 概述

变压器绕组温度测量最为准确的方法为直接测量法，但绕组内埋设传感器使得绝缘结构设计要求较高，容易对变压器的正常运行造成影响。直接测量法是通过埋设温度传感器于绕组中的方法获取绕组热点温度，但此方法的问题是热点温度位置很难确定，虽然此方法精度很高，但其前提是要精确地定位绕组热点位置，若传感器埋设的位置偏离热点位置过远，直接测量法带来的误差将会给变压器带来比较大的安全隐患。

目前，在变压器绕组安装光纤温度传感器主要采用绝缘垫块的间接法安装方式，整个过程如下：在变压器绕组绕制完成后，将光纤温度传感器埋在绝缘垫块中，在绕组热点位置处用安装光纤温度传感器的垫块替换原有垫块，并将剩余的内部光纤盘起来绑好。然后对带着光纤的绕组依次进行整体套装、器身装配、干燥处理、总装配、浸油和静放、出厂试验。

光纤测温传感器及光纤在变压器上的安装流程如图5-1所示。

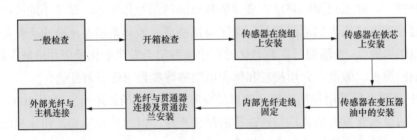

图 5-1 测温光纤整体安装流程图

在光纤测温传感器固定安装过程中有如下要求：

（1）安装时不应破坏光纤测温传感器及变压器自身绝缘性能，安装应通过辅助装置固定，安装完成后不影响油流分配，并能准确反映该测温点温度。

（2）测温点位置顺序宜按高压绕组、中压绕组、低压绕组、铁芯、变压器油中的顺序，分配相应的贯通法兰及光纤测温主机的通道号。

（3）在光纤传感器的整个安装过程中，应至少测试 7 次，并进行数据记录。建议的测试时间点如下：

1）传感器安装前，用便携式测温仪测试。

2）传感器安装后（安装在绕组、铁芯和变压器油中），用便携式测温仪测试。

3）器身装配完成，器身干燥前，用便携式测温仪测试。

4）器身干燥后，用便携式测温仪测试。

5）在传感器与贯通器连接后，贯通法兰安装之前，用便携式测温仪测试。

6）外部光纤与光纤主机连接之后，用光纤主机测试。

7）在变压器出厂试验之前，用光纤主机测试。

在变压器绕组绕制完成后，将光纤测温传感器埋在垫块中，用此垫块（带光纤测温传感器）替换热点位置处的垫块，并将剩余的内部光纤盘起来绑好。然后对带着光纤的绕组依次进行整体套装、器身装配、干燥处理、总装配、浸油和静放、出厂试验。

这种安装方式存在以下问题：

（1）存在严重的隐患，因为在整体套装、器身装配、干燥处理、总装配的过程中，极有可能造成测温光纤的损坏，比如拉拽、挤压、碰撞等。

（2）在某一个光纤传感器失效后，更换光纤传感器的难度非常大。需要经过器身拆装、整体解套后，将埋置失效光纤传感器的绕组拔出进行专用垫块的更换。

此外，油浸式电力变压器多在户外运行。目前有些已安装的光纤绕组测温的变压器出现了渗漏油、进水等问题。根据调查发现，渗漏和进水的原因是光纤贯通器密封不严。贯通器作为油浸变压器内嵌光纤温度传感探针和外部转接光纤间的转接单元，要求其光信号损耗低，是特殊工艺连接的机械与光学混合组件，应具备长期可靠的密封性和耐油性。目前，主要有两种常规的贯通器，即 ST 型锥螺纹贯通器和 SMA 型螺纹贯通器。这两种光纤贯通器有设计缺陷，存在漏油和进水的风险。

因此，为保证荧光测温传感器在变压器内部的可靠固定，在变压器的整个生产过程中（整体套装、器身装配、干燥处理、总装配）避免对光纤测温传感器的损坏，在变压器运行过程中测温准确，同时保证变压器安全稳定运行，荧光光纤测温传感器的埋置、固定和安装尤为重要。

5.2 光纤对油中电场分布影响分析

要了解荧光光纤温度传感器在变压器油中承受的电应力，需要通过计算获得光纤传感器对变压器电场分布的影响，并评估该影响是否造成变压器不安全运行。本文将以某 180MVA 三相变压器和某 334MVA 单相自耦变压器为例，通过仿真研究，定量计算安装荧光光纤温度传感器前后变压器内的电场分布。

5.2.1 计算原理

交流稳态下，变压器内的电场分布满足电准静态的麦克斯韦方程［见式（5-1）］，形式上与静电场方程一致。材料的本构方程如式（5-2）所示。

$$\begin{cases} \nabla \times \boldsymbol{E} = 0 \\ \nabla \cdot \boldsymbol{D} = \rho = 0 \end{cases} \tag{5-1}$$

$$\boldsymbol{D} = \varepsilon_r \varepsilon_0 \boldsymbol{E} \tag{5-2}$$

式中　$\boldsymbol{E}$——电场强度；

$\boldsymbol{D}$——电通密度，c/m^2；

ε_r——相对介电常数；

ε_0——真空介电常数；

ρ——空间电荷，在变压器内通常不予考虑。

此时引入标量电压 V，则方程变换为式（5-3）。此时电压是唯一的未知变量，且方程形式为拉普拉斯方程，即

$$\begin{cases} \nabla^2 \varepsilon_r \varepsilon_0 V = 0 \\ \boldsymbol{E} = -\nabla V \end{cases} \tag{5-3}$$

拉普拉斯方程的定解条件是求解区域边界有边界条件。变压器内通常将绕组线芯作为边界，并设定第一类边界条件，即边界电压。在区域较为复杂时，求解拉普拉斯方程是很困难的，且一般没有解析解。此时只能求解数值解，通常的解法是有限元法。有限元是一种求解偏微分方程边值问题近似解的数值技术，将求解区域剖分为简单部分，求解时通过变分方法，使得误差函数达到最小值并产生稳定解。

5.2.2 几何建模

变压器绕组是以铁芯为圆心绕制而成，因此绕组近似为旋转体，求解区域选

择柱坐标建模。仅考虑单相绕组时，主要的结构包括低压绕组、中压绕组、高压绕组、线饼绝缘、绕组间绝缘和变压器油，变压器绕组及绝缘结构示意图如图 5-2 所示。下面分别以 180MVA 和 334MVA 变压器进行几何建模。

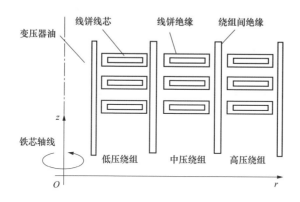

图 5-2　变压器绕组及绝缘结构示意图

1. 180MVA 变压器几何模型

荧光光纤温度传感器安装在变压器中压和高压绕组的第二和第三个线饼之间，因此几何建模仅包括安装位置及周围一部分。180MVA 变压器的几何模型如图 5-3 所示，低压绕组由于不安装光纤，各线饼简化为一个整体；中压绕组仅画出顶饼和其后的 5 个线饼；高压绕组仅画出顶饼及其后的 4 个线饼；绕组间绝缘为若干纸板；顶饼之上还有若干绝缘纸板。其中的关键尺寸见表 5-1。

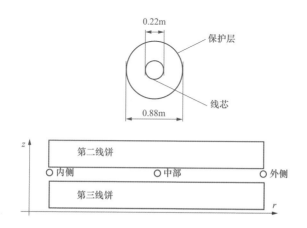

图 5-3　180MVA 变压器几何模型

表 5-1　　　　　　　　　　　180MVA 变压器几何建模关键尺寸

参　数	尺寸（mm）	参　数	尺寸（mm）
中压绕组线饼高度	11	高压绕组线饼高度	15
中压绕组线饼宽度	90	高压绕组线饼宽度	93
中压绕组线饼间距离	3.75	高压绕组线饼间距离	3.75
低中压绕组间距	64	中高压绕组间距	72
纸板绝缘厚度	2	线饼绝缘厚度	1

2. 334MVA 变压器几何模型

某 334MVA 变压器的几何模型如图 5-4 所示，光纤路径示意图如图 5-5 所示。低压绕组由于不安装光纤，各线饼简化为一个整体；中压绕组仅画出顶饼和其后的 5 个线饼；高压绕组仅画出顶饼及其后的 5 个线饼；绕组间绝缘为若干纸板；顶饼之上还有若干绝缘纸板。其中的关键尺寸见表 5-2。

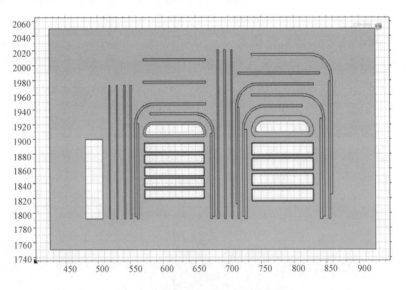

图 5-4　334MVA 变压器几何模型

表 5-2　　　　　　　　　　　334MVA 变压器几何建模关键尺寸

参　数	尺寸（mm）	参　数	尺寸（mm）
中压绕组线饼高度	14	高压绕组线饼高度	14
中压绕组线饼宽度	197	高压绕组线饼宽度	236
中压绕组线饼间距离	4	高压绕组线饼间距离	4

续表

参　　　数	尺寸（mm）	参　　　数	尺寸（mm）
低中压绕组间距	68	中高压绕组间距	113
纸板绝缘厚度	3	线饼绝缘厚度	1

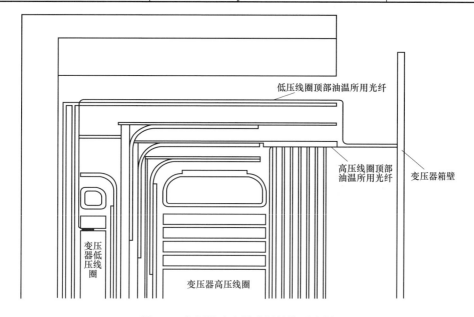

图 5-5　变压器及光纤路径结构示意图

3. 光纤几何模型

线芯直径 0.22mm，保护层外径 0.88mm。纵向上，光纤安装在变压器第二线饼和第三线饼之间，横向上，光纤可安装在线饼的内侧、中部或外侧。由于光纤安装在线饼之间，而线饼的上、下表面为等位面，并且线饼的上、下表面相互平行，因此光纤在相同的径向平面内，不同轴向位置的电场分布较为均匀，下述的仿真均可只考虑不同高度位置光纤径向截面的电场大小。

4. 参数及边界条件

根据式（5-3），需定义各材料的相对介电常数。在变压器稳态运行时，通常采用工频条件下测得的介电常数，各部分材料相对介电常数见表 5-3。

表 5-3　　　　　　　　　　各部分材料相对介电常数

材料	线饼绝缘	纸板绝缘	变压器油	光纤线芯	光纤保护层
相对介电常数	3.6	4.5	2.1	4.1	2.5

在变压器中，式（5-3）的定解条件通常采用第一类边界条件，即各线饼线芯的电压。当变压器稳态运行时，各电压为交流量，各绕组电压同相位。同绕组中，相邻线饼电压等差。

180MVA 变压器低压绕组 10kV；中压绕组顶部出线，顶饼电压 110kV，相邻线饼间电压差 0.5kV；高压绕组顶部出线，顶饼电压 220kV，相邻线饼间电压差 0.96kV。

334MVA 变压器低压绕组 35kV；中压绕组底部出线，顶饼电压 0kV，相邻线饼间电压差 1.1kV；高压绕组中部出线，顶饼电压 220kV，相邻线饼间电压差 2.6kV。

5.2.3 仿真结果

仿真 180MVA 和 334MVA 两个变压器，每个荧光光纤温度传感器可安装在中压绕组二和三线饼间内侧、中部和外侧，高压绕组二三线饼间内侧、中部和外侧，共 6 个位置。仿真光纤安装前后的变压器电场分布，以研究光纤对变压器电场分布的影响。

5.2.3.1 180MV 变压器电场分布

1. 整体电场分布

180MVA 变压器整体电场分布示意图如图 5-6 所示，安装前后电场几乎不变。变压器油中的电场大部分在 1kV/mm 左右，局部地区（线饼拐角处）应力集中，附近变压器油中场强约 3kV/mm。

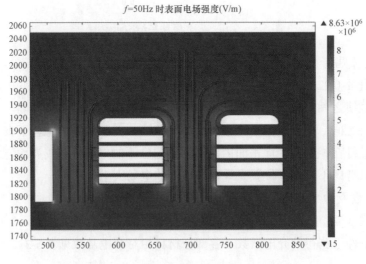

图 5-6 180MVA 变压器整体电场分布示意图

2. 中压绕组局部电场分布

180MVA 变压器中压绕组第二三线饼间光纤安装位置处的电场分布示意图如

图 5-7 所示，安装前后电场几乎不变。图 5-7（a）中，光纤安装前，安装区域电场分布呈现端部效应，光纤安装后，光纤线芯电场约 0.8kV/mm，光纤保护层电场约 1kV/mm。图 5-7（b）中，光纤安装前，安装区域电场呈匀强分布，光纤安装后，光纤线芯场强约 0.07kV/mm，光纤保护层电场约 0.09kV/mm。图 5-7（c）中，光纤安装前，安装区域电场呈现端部效应，光纤安装后，光纤线芯场强约 1.2kV/mm，光纤保护层场强约 1.6kV/mm。

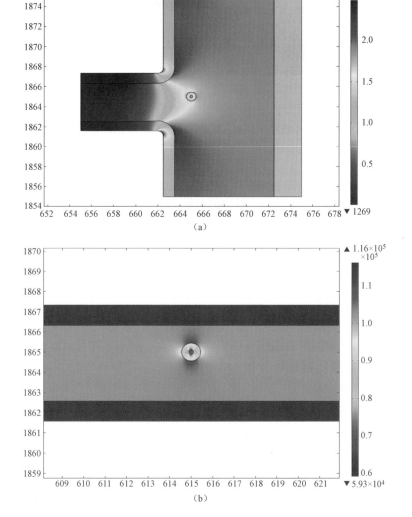

图 5-7　180MVA 变压器中压绕组二和三线饼间安装光纤位置处电场分布示意图（一）

（a）内侧；（b）中侧

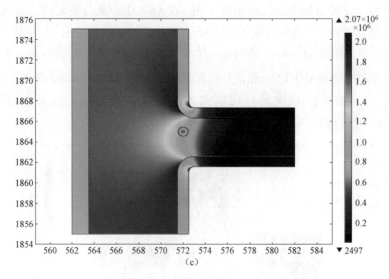

图 5-7　180MVA 变压器中压绕组二和三线饼间安装光纤位置处电场分布示意图（二）

(c) 外侧

3. 高压绕组局部电场分布

180MVA 变压器高压绕组第二三线饼间光纤安装位置处的电场分布示意图如图 5-8 所示，安装前后电场几乎不变。图 5-8（a）中，光纤安装前，安装区域电场分布呈现端部效应，光纤安装后，光纤线芯电场约 0.6kV/mm，光纤保护层电场约 0.8kV/mm。图 5-8（b）中，光纤安装前，安装区域电场呈匀强分布，光纤安装后，光纤线芯场强约 0.13kV/mm，光纤保护层电场约 0.18kV/mm。图 5-8（c）中，光纤安装前，安装区域电场呈现端部效应，光纤安装后，光纤线芯场强约 0.05kV/mm，光纤保护层场强约 0.1kV/mm。

5.2.3.2　334MV 变压器电场分布

1. 整体电场分布

334MVA 变压器整体电场分布示意图如图 5-9 所示，安装前后电场几乎不变。变压器油中的电场大部分在 1kV/mm 左右，局部地区（线饼拐角处）应力集中，附近变压器油中场强约 4kV/mm。

2. 中压绕组局部电场分布

334MVA 变压器中压绕组第二三线饼间光纤安装位置处的电场分布示意图如图 5-10 所示，安装前后电场几乎不变。图 5-10（a）中，光纤安装前，安装区域电场分布呈现端部效应，光纤安装后，光纤线芯电场约 0.4kV/mm，光纤保护层电场约 0.5kV/mm。图 5-10（b）中，光纤安装前，安装区域电场呈匀强分布，光纤安装后，光纤线芯场强约 0.14kV/mm，光纤保护层电场约 0.22kV/mm。图 5-10（c）中，光纤安装前，安装区域电场呈现端部效应，光纤安装后，光纤线芯场强约 0.7kV/mm，光纤保护层场强约 1.2kV/mm。

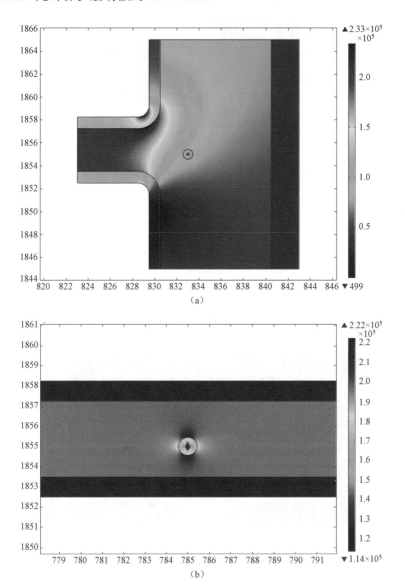

（a）

（b）

图 5-8　180MVA 变压器高压绕组二和三线饼间安装光纤位置处电场分布示意图（一）

（a）内侧；（b）中侧

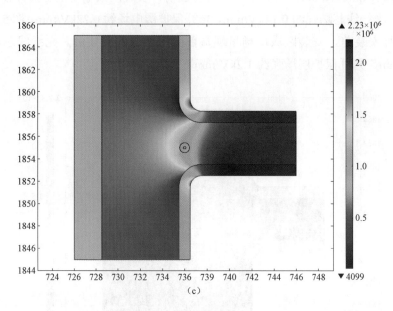

图 5-8　180MVA 变压器高压绕组二和三线饼间安装光纤位置处电场分布示意图（二）

（c）外侧

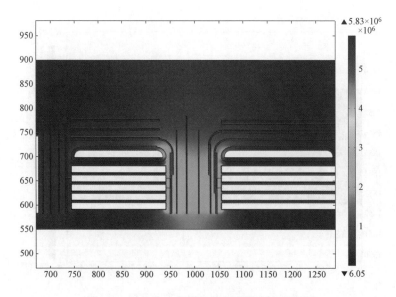

图 5-9　334MVA 变压器整体电场分布示意图

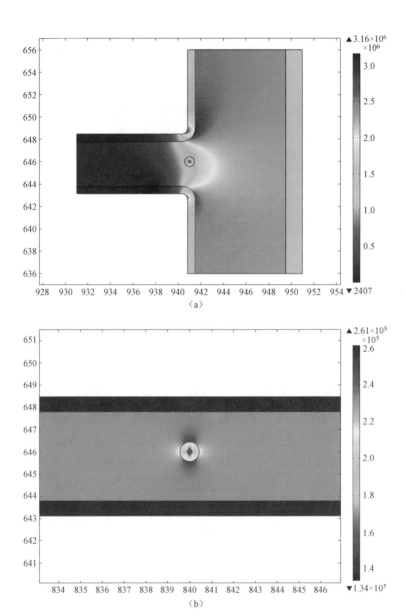

图 5-10　334MVA 变压器中压绕组二和三线饼间安装光纤位置处

电场分布示意图（一）

（a）内侧；（b）中侧

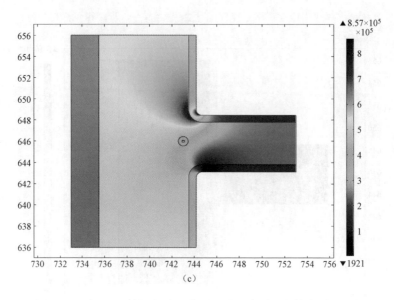

图 5-10　334MVA 变压器中压绕组二和三线饼间安装光纤位置处

电场分布示意图（二）

（c）外侧

3. 高压绕组局部电场分布

334MVA 变压器高压绕组第二三线饼间光纤安装位置处的电场分布示意图如图 5-11 所示，安装前后电场几乎不变。图 5-11（a）中，光纤安装前，安装区域电场分布呈现端部效应，光纤安装后，光纤线芯电场约 0.6kV/mm，光纤保护层电场约 1.0kV/mm。图 5-11（b）中，光纤安装前，安装区域电场呈匀强分布，光纤安装后，光纤线芯场强约 0.35kV/mm，光纤保护层电场约 0.5kV/mm。图 5-11（c）中，光纤安装前，安装区域电场呈现端部效应，光纤安装后，光纤线芯场强约 0.1kV/mm，光纤保护层场强约 0.2kV/mm。

4. 端部电场分布

光纤安装前后绕组端部电场分布如图 5-12 所示。

线圈端部光纤置入造成的局部电场畸变小于 0.7%，最大电场强度（5.746kV/mm）小于设计允许场强（8.5kV/mm），满足变压器整体绝缘强度和局部放电控制要求。

5. 爬电裕度

沿光纤方向的爬电路径如图 5-13 所示，计算得到沿光纤的切线分量场强，如图 5-14 所示。以此计算获得沿光纤方向的爬电裕度曲线如图 5-15 所示。

由图 5-15 可以看出，沿光纤方向绝缘裕度最小值为 1.455，电场强度小于许用值，此位置采用传感光纤测量是安全可靠的。

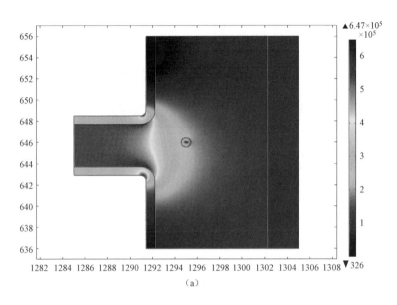

（a）

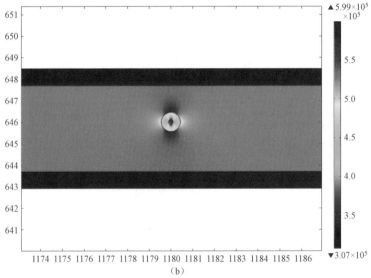

（b）

图 5-11　334MVA 变压器高压绕组二和三线饼间安装光纤位置

处电场分布示意图（一）

（a）内侧；（b）中侧

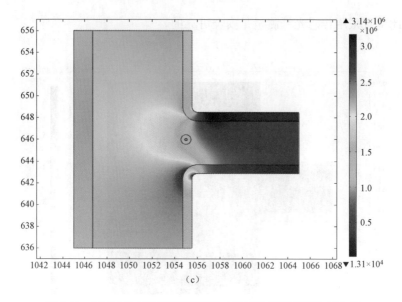

图 5-11　334MVA 变压器高压绕组二和三线饼间安装光纤位置

处电场分布示意图（二）

（c）外侧

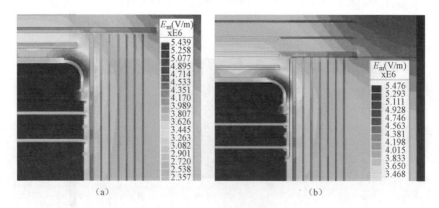

图 5-12　端部电场

（a）安装光纤前；（b）安装光纤后

通过以某 180MVA 三相变压器和某 334MVA 单相自耦变压器为例，仿真计算安装荧光光纤温度传感器前后变压器内的电场分布。仿真结果表明：

（1）安装荧光光纤温度传感器前后，变压器内电场分布不变。安装荧光光纤温度传感器不会影响变压器的安全运行。

（2）光纤安装后，光纤线芯和保护层的电场均小于 1.2kV/mm。安装在线饼内侧和外侧有端部效应区域的光纤可能受到较大电场，安装在线饼中部匀强区域的光纤受到电场较小。

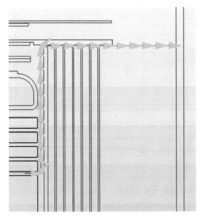

图 5-13　爬电路径

（3）光纤线芯的电场略小于光纤保护层的电场。

通过仿真发现光纤及其护套材料承受的电场很小，因此着重考虑热应力下光纤及其护套材料的绝缘老化特性。

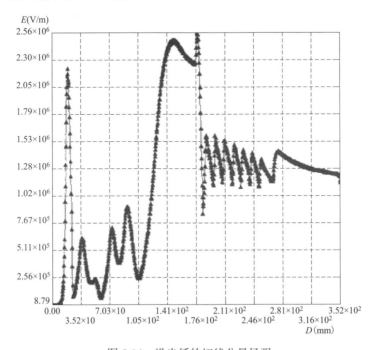

图 5-14　沿光纤的切线分量场强

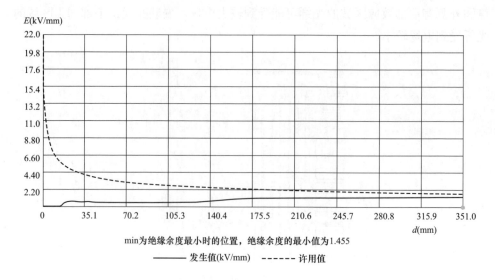

min为绝缘余度最小时的位置，绝缘余度的最小值为1.455

———— 发生值(kV/mm)　- - - - - 许用值

图 5-15　沿光纤方向的爬电裕度

5.3　变压器温度场仿真与试验

5.3.1　变压器温度场计算方法

　　油浸变压器内部结构复杂，其内部传热和散热的机理复杂且难以计算，变压器内部各点温度分布难以准确预测。目前对于变压器内部温度场的计算一般分为两类：一类是建立变压器的热路模型；一类是利用数值计算方法并借用计算机进行辅助计算。根据热路模型经典公式计算出的值有一定的局限性，因为其考虑不到周围环境的具体变化；而数值计算方法将环境温度、散热器位置、风机开停等各种因素对温度场的影响都考虑进来，所以其仿真计算得到的温度场分布及热点温度相对于热路模型更接近真实值。

　　现阶段，对于变压器内部温度场的数值计算方法主要分为两类：一类是利用有限元法（Finite Element Method，FEM）对变压器内部温度场进行二维和三维的计算；一类是利用在有限元法的基础上发展起来的有限体积法（Finite Volume Method，FVM）对变压器的内部温度场进行计算。有限元和有限体积均需要对变压器进行网格划分，绕组和铁芯部分由于结构相对简单，而且是固定非流动的部分，故利用有限元法计算精度较高。变压器油流部分，其结构不规则，且处于流动状态，故其利用有限体积法更能发挥优势。

考虑到有限元法精度高以及有限体积法适合流体计算的特点，可将有限元法与有限体积法融合成一种混合算法来对大型油浸式变压器温度场进行仿真分析，充分利用两种算法各自的优势，获得更接近实际的温度场及热点分布结果。

油浸式变压器内部热源主要由空载损耗和负载损耗构成。油浸式变压器运行时，其负载损耗和空载损耗导致绕组和铁芯等金属构件温度升高，而金属较高的导热系数，使绕组铁芯等金属构件温度迅速升高。在绕组和铁芯中产生的热量迅速传递到金属表面，热量便传递到温度较低的变压器油当中。变压器油经过加热温度升高，密度升高，较热的油便向变压器顶部流动，然后这部分油经过散热片和油箱壁的冷却，向下流动形成循环。变压器油在热虹吸效应下形成油流循环，将热量不断传递到周围空气中。当其产热和散热量相同时，便达到了变压器的热平衡状态。

此时，油浸式变压器内部的热量传递主要分为以下过程：

（1）热传导过程：变压器线圈、铁芯等金属构件的热量由金属中心向金属周围传播。这个过程属于金属导热过程，且金属构件内部没有流动。

（2）热对流过程：当热量传递到金属表面时，金属与温度较低的变压器油由于温差的存在，会进行对流换热，使油的温度上升。

（3）加热后的变压器油在油箱和散热片内部产生流动，并且传递一部分热量给油箱和散热片。

（4）油箱和散热片温度身高，其一部分热量传递到周围空气中。

根据变压器内部热量传递过程可知：（1）过程属于金属导热过程，其传热过程没有流体的参与，且绕组是变压器的主要发热部分，其传热的精确计算对于整个变压器温度场的计算至关重要。有限体积法对于复杂的流动问题优势明显，但精度有限，只能达到二阶精度。故在绕组和铁芯的内部传热过程不太适用于有限体积法，而有限元问题的精度可以选择。有限元法对于网格精度要求较高，绕组和铁芯的结构单一，对其进行质量较高的六面体网格划分难度不大。则使用有限元法计算其绕组和铁芯内部的金属导热较为合适，结果也更为精确。（2）～（4）过程均有流体参与，而有限元法对于处理复杂的流体问题不如有限体积法。且由于变压器油结构复杂，不易划出比较高质量的网格，而有限体积法对于网格的质量要求不高，故这三个过程适用于有限体积法进行计算。因此，对于绕组和铁芯部分的金属导热，即（1）过程，采用有限元法进行计算。对于有流体参与的传热，即（2）～（4）过程，采用有限体积法进行计算较为合适。

5.3.2 建模与仿真

基于前面所述的有限元法与有限体积法融合成的混合算法，项目组通过设置变压器的设计参数、变压器负载、环境温度、风机关闭组数等参数，仿真获取油箱整体温度分布云图、绕组与铁芯分布云图以及绕组轴向分布曲线图。整个仿真过程包括变压器物理模型的建立、网格划分、模型选择与材料添加、施加载荷与边界条件设置、温度场求解方法、温度场结果分析、不同负载下的温度场分析及环境温度对变压器温度场分布的影响几部分。

5.3.2.1 变压器物理模型

以 110kV 油浸式变压器为例，进行实际建模仿真。SFSZ10- M-31500/110 大型油浸式变压器各部件的尺寸参数见表 5-4、表 5-5。

模型是仿真计算的基础，模型建立的好坏直接影响到仿真最终结果与实际情况的误差大小，因此建立模型时要在必要假设的基础上尽可能地与实际模型相同。

表 5-4　　　SFSZ10-M-31500/110 大型油浸式变压器铁芯及油箱参数

电压等级组合（kV）	110±8×1.25%/38.5±2×2.5%/10.5		
连接组别	YNyn0d11	频率（Hz）	50
铁芯直径（mm）	560	铁芯窗高（mm）	1360
旁轭长度（mm）	无	旁轭宽度（mm）	无
旁轭高度（mm）	无	上轭长度（mm）	3240
上轭宽度（mm）	640	上轭高度（mm）	640
油箱长度（mm）	4570	油箱宽度（mm）	1630
油箱高度（mm）	2725	拉板高度（mm）	1985
拉板宽度（mm）	135	拉板厚度（mm）	12
夹件长度（mm）	3680	夹件厚度（mm）	25
夹件高度（mm）	490		

表 5-5　　　SFSZ10-M-31500/110 大型油浸式变压器绕组参数

绕组参数	内径（mm）	外径（mm）	高度（mm）	匝数
低压绕组	596	703	1195	122
高压绕组	933	1073	1175	737
中压绕组	757	849	1175	258

根据 31500kVA/110kV 大型油浸风冷变压器的实际尺寸建立三相的三维模型，此变压器含 8 组散热片，前后两侧各 4 组，相邻两组散热片配一个风机，建立的三维模型根据散热片实际尺寸建立 8 组散热片，散热片通过油管与油箱相连，变压器箱体中的变压器油和散热片中的变压器油能畅通对流，能完全模拟现场运行变压器的真实情况，油浸式变压器三维结构模型如图 5-16 所示。

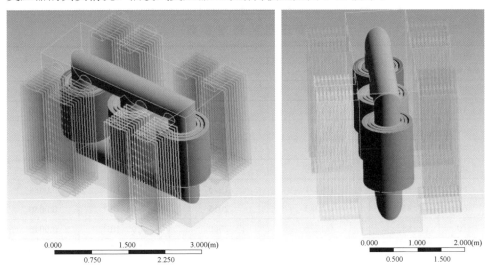

图 5-16　油浸式变压器三维结构模型

5.3.2.2　模型与材料

对于油浸式变压器来说，变压器油在油箱与散热片中流动时，由于变压器内部结构较复杂，变压器油的流动状态也是复杂的，即变压器油的流动处于紊流状态，因此在黏性模型中选择紊流模型。另外，油浸式变压器散热过程中不仅存在对流换热，还有辐射散热，需要选择辐射模型，由于流体为变压器油，其光学厚度相对较小，所以辐射模型选择 DO 模型。

所涉及的材料分为两大类，一类为流体材料，另一类为固体材料。其中流体材料为变压器油，固体材料包括硅钢、铜和铁。温度场仿真计算所涉及的材料物理属性主要有密度、比热容和导热系数，对于流体还包括黏度以及热扩散系数等，这些参数对于传热问题十分重要，所以要根据实际情况进行正确设置。需要特别注意的是对于自然油循环油浸式风冷变压器来说，油循环的动力来源于油的热浮升力，因此在设置油的不同属性时考虑其随温度的变化情况，即采用分段线性的方式来设置油的属性随温度变化的关系，变压器油及变压器各部件的物理特性见表 5-6、表 5-7。

表5-6   材 料 物 理 参 数

材料	密度（kg/m³）	比热容 [J/（kg·K）]	热导率 [W/（m·K）]
绕组	8900	390	385
铁芯	7650	460	45
油箱	7850	485	50

表5-7   变 压 器 油 物 理 参 数

温度 θ（℃）	密度 ρ（kg/m³）	热导率 $\varGamma$ [W/（m·℃）]	比热 c [J/（kg·℃）]	热体积膨胀系数 β（1/℃）	动力黏度 μ（kg/m）
0	893	0.1330	1764	6.55×10^{-4}	0.1072
10	887	0.1322	1805	6.80×10^{-4}	0.0550
20	882	0.1314	1848	7.00×10^{-4}	0.0301
30	876	0.1306	1890	7.25×10^{-4}	0.0184
40	870	0.1299	1930	7.50×10^{-4}	0.0121
50	864	0.1291	1975	7.75×10^{-4}	0.0084
60	858	0.1283	2015	7.90×10^{-4}	0.0060
70	852	0.1276	2060	7.95×10^{-4}	0.0046
80	847	0.1268	2100	7.95×10^{-4}	0.0036
90	841	0.1260	2140	8.00×10^{-4}	0.0029
100	835	0.1251	2200	8.00×10^{-4}	0.0021

5.3.2.3　施加载荷与边界条件设置

油浸式变压器内部的热源，主要是绕组和铁芯的损耗。正常运行时变压器的损耗包括空载损耗和负载损耗。根据变压器的损耗计算，在高压-中压最小分接时，变压器的总损耗最大。绕组的损耗包括高、中压绕组的直流电阻损耗和涡流损耗，低压、调压绕组的涡流损耗。

当绕组为三绕组时，收集到的往往是三个绕组两两作短路试验时测得的短路损耗。当三个绕组的容量都等于变压器额定容量时，可由提供的短路损耗 $P_{K(1-2)}$、$P_{K(1-2)}$、$P_{K(1-2)}$ 直接求取各绕组的短路损耗，即

$$\begin{cases} P_{K1} = \dfrac{1}{2}[P_{K(1-2)} + P_{K(3-1)} - P_{K(2-3)}] \\[2mm] P_{K2} = \dfrac{1}{2}[P_{K(1-2)} + P_{K(2-3)} - P_{K(3-1)}] \\[2mm] P_{K3} = \dfrac{1}{2}[P_{K(2-3)} + P_{K(3-1)} - P_{K(1-2)}] \end{cases} \qquad (5-4)$$

而当第三绕组的容量为变压器额定容量的 50%时，制造厂提供的短路损耗数据是一对绕组数据中容量最小的达到它本身的额定电流。这时应首先将各绕组间的短路损耗归算为额定电流下的值再求取各绕组的短路损耗，即

$$\begin{cases} P_{K(2-3)} = P'_{K(2-3)} \left(\dfrac{I_N}{I_N/2} \right)^2 = 4P'_{K(2-3)} \\[4mm] P_{K(3-1)} = P'_{K(3-1)} \left(\dfrac{I_N}{I_N/2} \right)^2 = 4P'_{K(3-1)} \end{cases} \tag{5-5}$$

额定负载的热生成率为

$$G = \frac{P_{K1}}{3V_1} \tag{5-6}$$

式中　V_1——单相高压绕组的体积，m^3；

　　　P_{K1}——实验测得的三相变压器的损耗，kW。

当变压器为单相变压器时，高压对中压、高压对低压的负载损耗由实测可得出。

以一台 31.5MVA/110kV 变压器的参数为例，其额定容量为 31500/31500/31500kVA，额定频率为 50Hz，额定电压为 110000±8×1.25%/38500±2×2.5%/10500V，额定电流为 165.3/472.4/1732.1A。由式（5-4）～式（5-6）求得的损耗及热生成率分别见表 5-8～表 5-10。

表 5-8　　　　　　　　　　　各 绕 组 损 耗

绕　　　组	HV-MV	MV-LV	LV-HV
负载损耗	$P_{K(1\text{-}2)}$	$P_{K(2\text{-}3)}$	$P_{K(3\text{-}1)}$
实验测得值（kW）	166.9	149.7	164.4
计算出各绕组损耗（kW）	$P_{K1}=90.8$	$P_{K2}=76.1$	$P_{K3}=73.6$

表 5-9　　　　　　　　　　绕组参数及热生成率

绕组参数	内径（mm）	外径（mm）	高（mm）	体积（m^3）	负载损（kW）	热生成率（kW/m^3）
高压绕组	933	1073	1175	0.2591712	90.8	116.782
中压绕组	757	849	1175	0.1363518	76.1	186.038
低压绕组	596	703	1195	0.1304520	73.6	188.064

表 5-10   铁芯参数及热生成率

直径 （mm）	高度 （mm）	上轭长度 （mm）	上轭高度 （mm）	上轭宽度 （mm）	总体积 （m³）	空载损耗 （kW）	热生成率 （kW/m³）
560	1360	3240	640	640	2.3315	24.7	10.594

表 5-9、表 5-10 中算出的绕组及铁芯的热生成率即为此油浸式变压器额定负载下的热生成率，在 FLUENT 中分别对铁芯和各绕组加载此热生成率。根据辐射散热的相关介绍可知，在油箱及散热片表面会伴有辐射散热问题。将油箱外表面以及散热片表面的辐射率设为 0.9，黑体辐射常数设为 5.67×10^{-8}W/（$m^2 \cdot K^4$）。因变压器油的受热流动受重力影响，因此，设置重力加速度为 9.8m/s²，方向指向 Y 轴的负方向。边界温度指定为环境温度为 32℃。假设 4 组风机全开即相应地将 8 组散热片表面的散热系数全部设置为 60W/（$m^2 \cdot$℃），变压器油箱的各个侧面的对流换热系数分别为顶面 8.08W/（$m^2 \cdot$℃）、地面 6.164W/（$m^2 \cdot$℃）、侧面 12.436W/（$m^2 \cdot$℃）。

5.3.2.4 温度场仿真结果分析

以 31500kVA/110kV 模型变压器为例，应用混合数值计算方法对变压器的三维温度场进行仿真计算，温度场趋于稳态时，变压器箱体表面温度分布云图（环境温度 32℃、负载 1.0）如图 5-17 所示。

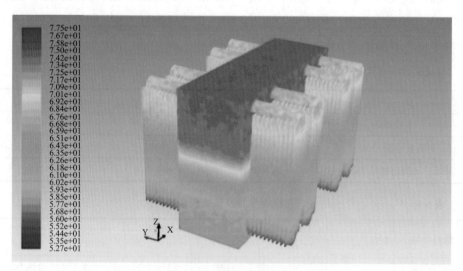

图 5-17 变压器箱体表面温度分布云图

由图 5-17 可看出，在散热片的作用下，温升趋于稳定，温度分布呈现明显梯度。可以看出，同一水平线上变压器内部油温高于散热片内部油温，顶层油温最热点出现在油箱顶面中部位置，约为 77.5℃；这主要是由于风机全开，在风机作用下，散热片表面空气的流速远远大于箱体表面空气的流速，从而使散热片表面的散热速率要远大于箱体表面的散热速率，又由于散热片表面积较大的缘故，散热片内变压器油与散热片的换热速率要远高于变压器箱体内变压器油与箱体的换热速率，即散热片内油温要明显低于同一水平线上变压器内部油温。同时变压器热源为铁芯与绕组，而铁芯与绕组紧密相绕，且铁芯与绕组都置于变压器中心位置，铁芯与绕组间、绕组与绕组间的油道空间相对于绕组与变压器箱体间的油道空间要小很多，从而导致变压器中部的油的散热环境要相对较差，因此顶部油温的最热点出现在油箱顶中部位置称为必然。

如图 5-18 所示为 $Y=0$ 平面变压器温度场分布云图。从图 5-18（a）中可以看出变压器内部部件温度分布情况为：绕组温度高于铁芯温度；铁芯温度高于变压器油温度；绕组、铁芯、变压器油由下至上大体呈上升趋势；极易看出铁芯最热点出现在上轭中部位置。由图 5-18（b）可看出变压器油温由下至上呈递增趋势，由里至外呈递减趋势，最热点出现在油箱顶中部。

为进一步确定高、中、低压绕组轴向温度分布情况及最热点位置，现在 B 相高、中、低压绕组的中心处分别沿轴向做一条直线，调取出位于这三条直线上各节点的温度分布曲线图，如图 5-19 所示。

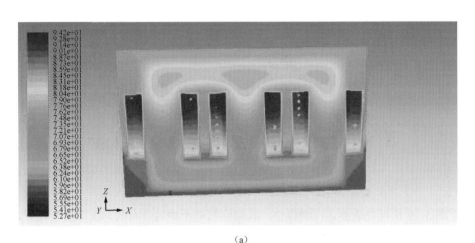

（a）

图 5-18　$Y=0$ 平面温度场分布云图（一）

（a）变压器内部部件温度分布

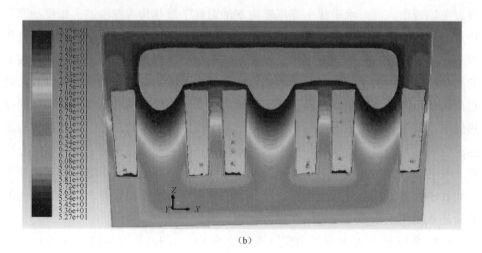

（b）

图 5-18　Y=0 平面温度场分布云图（二）

（b）变压器油温

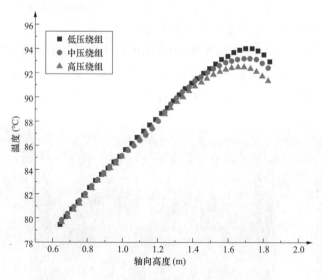

图 5-19　三绕组沿轴向高度温度场分布

图 5-19 中可以看到，三绕组中，其温度都是不均匀分布的，底部温度较低，顶端温度相对较高，低压绕组温度最高，中压绕组次之，高压绕组温度相对最低。

变压器的最热点温度为 94.2℃，其位于低压绕组，最热点位置距离低压绕组底部约 88.5%处。主要原因有二：一是高压绕组生热率最低，低压绕组的生热率要稍高于中压绕组；二是低压绕组的位置分布，由于位于中压绕组和铁芯之间，其散热方式为和变压器油的对流散热，但由于油道较窄，变压器油散热量低，所以相对于中压绕组与高压绕组来说其温度较高。

5.3.2.5　不同负载下温度场分析

为更好了解大型油浸式变压器在不同负荷下的温度场分布情况，分别对负载为 0.7、0.85、1.0、1.15 时的温度场进行了仿真计算。

不同负荷下的整体温度分布云图如图 5-20 所示。从图 5-20 中可以看出，油箱表面温度随负载依次升高（分别为 69℃、73℃、77.5℃、85℃）。

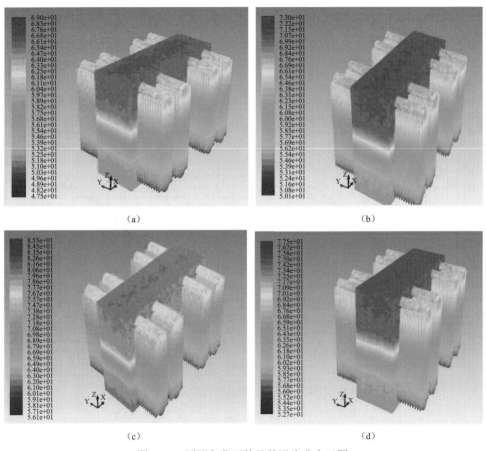

图 5-20　不同负荷下的整体温度分布云图

（a）负载 0.7；（b）负载 0.85；（c）负载 1.0；（d）负载 1.15

不同负荷下绕组沿轴向高度温度场分布云图如图 5-21 所示。由图 5-21 可以看出，当负载由 0.7～1.15 逐步上升时，绕组热点温度及顶层油温也相应升高，且三绕组的热点温度沿轴向都是先逐步上升，在接近顶端时有一个小幅度的下降，最热点都出现在低压绕组顶端偏下位置，大概距绕组底端 85%～90%处。为更直观地观察绕组及顶层油温随负载变化的影响，绕组热点温度及顶层油温随负载变化值见表 5-11。

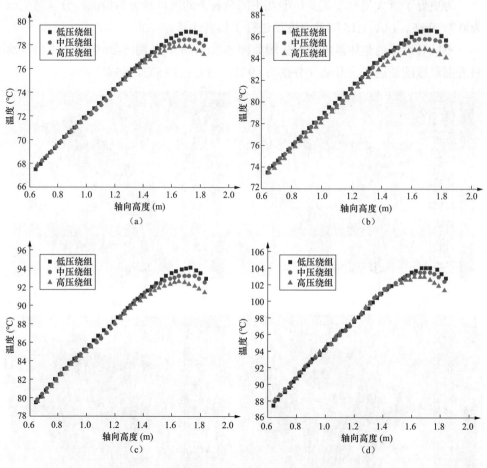

图 5-21　不同负荷下绕组沿轴向高度温度场分布云图

（a）负载 0.7；（b）负载 0.85；（c）负载 1.0；（d）负载 1.15

表 5-11　　　　　　　　　绕组热点温度及顶层油温随负载变化值

负载系数	0.7	0.85	1.0	1.15
顶层油温（℃）	69.5	73.5	78.5	86
绕组热点温度（℃）	79.5	86.5	94.2	104.5

不同负荷及与其对应的最热点温度、顶层油温的关系如图 5-22 所示。

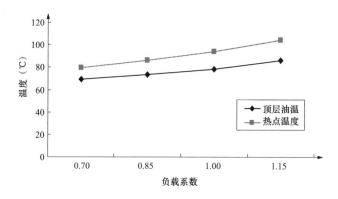

图 5-22 不同负荷与最热点温度、顶层油温关系图

比较曲线可知热点温度和顶层油温都随负载的增大而升高，且负载系数小于 1 时，绕组热点温升及顶层油温升的变化曲线较平缓；负载系数大于 1 时，绕组热点温升的变化曲线较陡，曲线的斜率随着负载增大而变大，可见超载时绕组温度升高更快，而上层油面温度与热点温升相差随着负荷的升高偏差越来越大。

5.3.2.6 环境温度对变压器温度场分布影响

环境温度是影响变压器温升的一个主要因素，分析环境温度的影响，有助于变压器设计、制造和使用，为同类型变压器的安全稳定运行提供借鉴。随着使用环境的较大变化，对电力设备的要求也有较大差异，因此以额定负载运行下的变压器在不同环境温度下的仿真计算为例。当负载为 1.0 时，分别设置环境温度为 17℃、22℃、27℃和 32℃时，仿真得到变压器整体温度分布如图 5-23 所示。油箱表面温度随负载依次升高（分别为 65℃、69℃、73℃、78℃）。三相绕组轴向高度温度分布如图 5-24 所示，绕组热点温度随负载依次升高（分别为 81.7℃、85.5℃、89.5℃、95℃）。

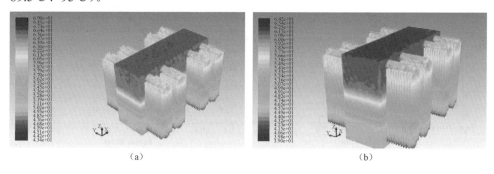

图 5-23 不同环境温度下变压器整体温度分布图（一）

（a）环境温度 17℃；（b）环境温度 22℃

151

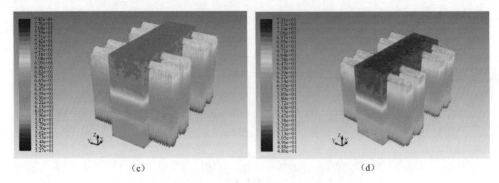

（c）　　　　　　　　　　　　　　（d）

图 5-23　不同环境温度下变压器整体温度分布图（二）

（c）环境温度 27℃；（d）环境温度 32℃

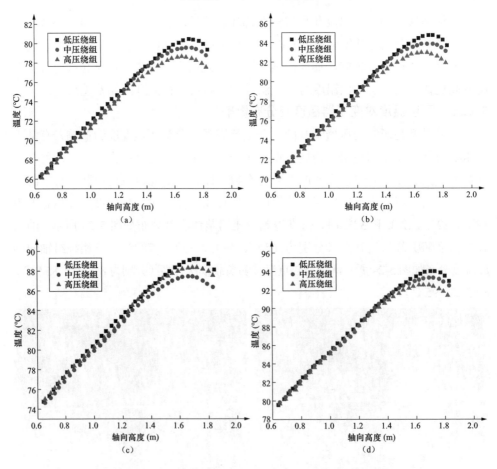

图 5-24　不同环境温度下绕组沿轴向高度温度分布图

（a）环境温度 17℃；（b）环境温度 22℃；（c）环境温度 27℃；（d）环境温度 32℃

由图 5-23、图 5-24 可以看出，当环境温度由 17~32℃逐步增加时，绕组热点温度及顶层油温都相应升高，且三绕组的热点温度沿轴向都是先逐步上升，在接近顶端时有一个小幅度的下降，最热点都出现在低压绕组顶端偏下位置，大概距绕组底端 85%~90%处。绕组热点温度及顶层油温与不同环境温度的关系见表 5-12 和图 5-25。

表 5-12　　　　　　　　不同环境温度下顶层油温及绕组热点温度　　　　　　　　单位：℃

环境温度	17	22	27	32
顶层油温	65	69	73	78
绕组热点温度	81.7	85.5	89.5	95

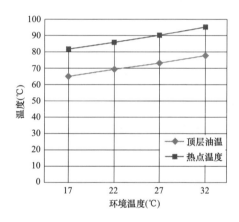

图 5-25　不同环境温度下顶层油温及绕组热点温度

比较曲线可知热点温度和顶层油温都随环境温度的升高而升高，由图 5-25 可看出 27~32℃段的曲线斜率要稍大于 17~27℃段的曲线斜率，说明环境温度过高，变压器顶层油温和绕组热点温度升高速率有增大的趋势。目前考虑的环境温度变化幅度较小，使得热点温度升高的幅度不大，而实际中环境温度变化幅度很大，例如北方的夏冬两季节，温差可达 60℃，因此环境温度对热点温度影响很大，不可忽视。

5.3.3　变压器样机温升试验和热点温度测量

由于荧光光纤点式测温的局限性，为准确获得变压器内部温度场分布，为变压器内部荧光光纤布设位置提供热点位置依据，本书开展基于分布式光纤检测原理的变压器温度检测。按照拉曼散射的分布式光纤检测原理，在这台变压器的铁芯、低压绕组和高压绕组、油箱壁上安装12路分布式光纤测温传感器，其中高压绕组4路，低压绕组4路，铁芯2路，油箱壁2路，详见表5-13。

表 5-13   分布式光纤传感器布置位置

布置位置	数量
高压侧 A、B、C 三相绕组	共 4 路
低压侧 a、b、c 三相绕组	共 4 路
三相绕组铁芯	共 2 路
油箱	共 2 路

    变压器绕组导线根据所流经电流大小可分为三类：扁铜线、组合导线以及换位导线。当变压器所设计负荷容量较低时一般采用绝缘包裹的扁铜线而随着容量的增大，也会结合使用多根并绕的组合型导线。在较大型变压器绕组或某些需流经较大电流的绕组上，常采用换位导线以节省空间增加散热。

    针对所研究的 35kV 油浸式变压器绕组结构设计了如图 5-26 所示的布设方案。

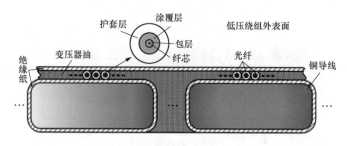

图 5-26   分布式光纤复合式绕线结构

    即通过将光纤贴附到变压器低压绕组的最外匝导线表面来实现温度感测。分布式光纤沿绕组外表面进行螺绕，在光纤绕制时，再将一层绝缘纸包裹在已布设了光纤的导线上。绕制过程中光纤与导线间，光纤与绝缘纸间的摩擦力会使其紧密贴附于导线表层。高压绕组由于采用漆包圆铜线的结构，在高压绕组外侧先贴敷一层绝缘纸后再进行如上过程的绕制。该敷设方案在保有绕组结构的同时，也避免了光纤与变压器油流的直接接触，缓冲了安装运行过程中可能的振动、敲击以及匝间压挤的影响。当变压器处于正常运行状态或发生局部过热时，传感光纤会感应绕组温度的变化并与绕组同步加热。绕组的实时状态可以通过检测来自光纤的拉曼散射信号的变化来判断。

    与此同时，为了进一步拓宽光纤的监测范围，对 35kV 变压器三相铁芯柱以及高低压绕组内侧的绝缘纸筒都进行了分布式光纤的均匀螺绕。由于制作工艺中，绕组是紧密贴合绝缘纸筒进行绕制的，故此处布设的光纤可有效感知绕组内侧区域的分布式温度。为了消除首端和尾端监测盲区，在敷设区域首、尾端分别连接

4m 尾纤通过变压器箱壁上的贯通盘引出信号。传感光纤在变压器内部的布设情况如图 5-27 所示。

光纤贯通盘

铁芯处螺绕光纤

绕组外侧分布式光纤

绕组内侧绝缘纸筒分布式光纤

图 5-27　分布式光纤在变压器内部的布设情况

根据 GB 1094.2—2013 采用短路法进行温升试验，对内置分布式光纤的油浸变压器内部温度分布进行直接测量。分布式光纤通过箱体上的贯通盘引出接入到拉曼测温系统，通过热电偶对环境温度、进出口油温以及顶层油温进行测量。

分布式光纤选取温升试验断电时刻测量值。测试结果如图 5-28 所示，光纤在所布设部位实现了有效的温度传感，并可同时直接对多个区域空间温度实现实时连续化监测。

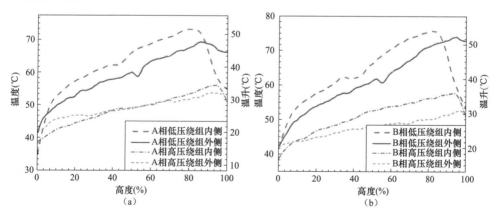

图 5-28　分布式光纤测温结果（一）

（a）A 相绕组；（b）B 相绕组

155

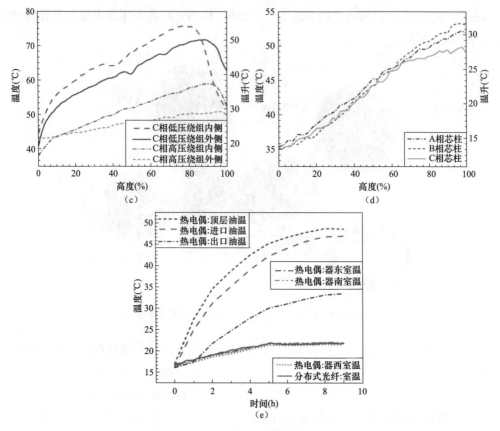

图 5-28　分布式光纤测温结果（二）

（c）C 相绕组；（d）三相铁芯柱；（e）热电偶及变压器外部光纤测量值

　　三相绕组温度分布趋势一致但稍有差异，有可能是制造工艺中三相绕组外部绝缘材料、结构偏差导致的。低压绕组、高压绕组与铁芯温度呈梯度分布，与其周围不同的油流、热源及结构部件有很大关系，故需要利用光纤直接接触测量。

　　通过对绕组温度的连续化监测，由图 5-28（a）、（b）、（c）可发现低压绕组温升明显高于高压绕组，且布设在绕组内侧温度明显高于绕组外侧温度，这可能是由于绕组外侧与箱壁间油流较绕组内侧多层绝缘材料之间依靠油道进行的油流更剧烈，热量更易散出。

　　三相绕组热点断电时刻监测数据见表 5-14。根据 IEC 标准模型推算出的绕组热点温度明显偏高，可能是忽略了顶部良好的散热条件导致的。A、B、C 三相绕组局部热点出现的位置基本一致。通常认为，位于绕组顶端的热量较为集中，故热点区域应位于绕组顶部。但实测绕组温度随绕组高度变化呈现出先增加后降低的趋势，绕组底端区域温度上升较快，绕组中段区域温度呈线性增加，绕组顶端区域温度明显下降。这可能是由于绕组顶部区域油流更加充分且散热情况明显优于绕组中段区域导致的，而绕组底部区域受由散热片冷却后的进口油温影响，温度出现显著降低。为方便计算绕组热点温度，IEC 60076-7 负载导则中提出了关于绕组和油温度均随高度呈理想线性增加的简化模型，而根据分布式传感光纤实测的温度分布，可为进一步提升 IEC 模型的精度提供参考。对于变压器内部绝缘材料而言，其老化寿命直接与长期运行时温度相关，绕组热点区域作为最薄弱环节需要重点关注。图 5-28（d）展示了铁芯柱的温度分布，三相芯柱温度基本一致，均呈现与高度线性正相关的规律。由于短路法温升试验是将总损耗施加于绕组，故铁芯不发热，分布式光纤测量值可能较变压器实际带负载运行时温度偏低。图 5-28（e）为整个温升试验中热电偶以及部分置于变压器外部的定标光纤测量值，顶层油温呈现随时间缓慢增加并趋于稳定的规律，断电后其温度值为 48.6℃；进出口油温通过埋于箱壁相应位置的热电偶获得，并通过隔温黏土降低测量负偏差，二者温差约为 14℃；环温热电偶通过置于变压器东西南的三个油瓶测得，最后稳定于 21.7℃；定标光纤直接裸露于外界环境中，最后稳定于 21.6℃。在到达稳定状态后，分布式光纤测量值可满足变压器测温误差要求。

表 5-14　　　　　　　　　　绕组热点定位及监测结果

监测方法	A 相绕组		B 相绕组		C 相绕组	
	位置/%	温度/℃	位置/%	温度/℃	位置/%	温度/℃
分布式光纤	80.85	73.3	82.29	75.7	79.17	75.6
IEC 推算	位置：100 %　温度：>85.8 ℃					

从图 5-28 中可以得知，绕组作为变压器内部的主要热源，发热量大，温度较高，其中低压绕组温度比同一水平位置高压绕组略高一些。三相绕组的温度分布从绕组底部到顶部随着高度的增加，温度也随之上升，温度基本呈线性分布，其中，绕组温度的最高点出现在绕组整体高度约 80%位置。

5.4　传感器安装与引出方法

5.4.1　传感器布局

1．安装位置

（1）绕组。轴向安装位置：根据变压器绕组温度分布计算结果确定具体热点位置，宜安装在绕组上部总高度 78%～85%的范围内。幅向安装位置：根据变压器绕组温度分布计算结果确定具体热点位置，应考虑出线方便及安装的可操作性。

（2）铁芯。宜安装在芯柱和上铁轭交汇处。

（3）油。宜安装两个测温点，安装在距油箱顶部 150～200mm 器身对角线位置，通过专用固定件安装。

2．安装数量

三相变压器光纤传感器应安装数量见表 5-15，单相变压器光纤传感器应安装数量见表 5-16。

表 5-15　　　　　　　　三相变压器光纤传感器应安装数量

额定容量（MVA）	冷却方式	绕　　组									铁芯	油
		A 相			B 相			C 相				
		高压	中压	低压	高压	中压	低压	高压	中压	低压		
<100	油浸自冷 油浸风冷 强迫油循环风冷 强迫油循环水冷	1	1	1	1	1	1	1	1	1	1	1
	强迫导向油循环风冷 强迫导向油循环水冷	1～2	1～2	1～2	1～2	1～2	1～2	1～2	1～2	1～2	1～2	1～2
≥100	所有方式	1～2	1～2	1～2	1～2	1～2	1～2	1～2	1～2	1～2	1～2	1～2

表 5-16　　　　　　　　单相变压器光纤传感器应安装数量

额定容量（MVA）	冷却方式	高压绕组	低压绕组	铁芯	油
≥50	所有方式	2	2	1	1

测温荧光传感器及光纤在变压器内安装时不应破坏光纤测温传感器及变压器自身绝缘性能，安装应通过辅助装置固定，安装完成后不影响油流分配，并能准确反映该测温点温度。

测温点位置顺序宜按高压绕组、中压绕组、低压绕组、铁芯、变压器油中的顺序，分配相应的贯通法兰及光纤测温主机的通道号。

5.4.2　固定安装方法

5.4.2.1　常规安装方法

荧光光纤测温传感器属于点式光纤测温传感器，目前对于点式光纤测温传感器在变压器绕组上的安装方法分为直接安装法和间接安装法两种。

1. 直接安装法

在绕组绕制过程中，用皱纹纸或绝缘纸带直接将荧光光纤测温传感器安装在导线上，然后将光纤引出。但是在整个绕组的绕制过程中，传感器和光纤一直都存在。直接安装法有诸多缺点，其缺点主要包括：

（1）容易造成在绕组绕制过程中损坏传感器和光纤；

（2）一旦某个热点位置的传感器损坏，更换此传感器非常困难。

由于直接安装法存在上述缺点，因此目前很少采用直接安装法。同时为了方便光纤传感器的安装和更换，出现了间接安装法。

2. 间接安装法

间接安装法是指将光纤传感器安装在绝缘垫块（或其他绝缘件）中，在绕组绕制完成后用安装有光纤传感器的垫块更换掉热点位置的垫块即可。如果某一个光纤传感器损坏，重新制作一个带光纤传感器的垫块进行更换即可。间接安装法方便了光纤传感器的安装和更换。

5.4.2.2　基于绝缘标准件的安装新方法

为了避免对光纤测温传感器的损坏，同时保证荧光测温传感器在变压器内部的可靠固定，可采用一种通过绝缘标准件在变压器绕组上固定荧光光纤测温传感器的方法，采用绝缘标准件，可适用于变压器不同的绕组形式。

对于饼式绕组和螺旋式绕组，需要在绕组绕制完成后绕组压紧整形之前完成安装；对于层式和箔式绕组，需要在绕组绕制过程中进行安装。按照荧光光纤测温传感器不同的出线方式加工不同的绝缘标准件，然后根据荧光光纤测温传感器选择固定方式（绝缘纸固定或者卡槽固定），将传感器固定在绝缘标准件上，最后在标准件的上下各粘贴一个 1mm 厚的绝缘纸板（形状与标准件一致）并压紧。此方法同时也适用于在变压器内部的其他位置（如铁芯、油中等）的安装固定。

该方法能够避免对光纤测温传感器造成的损坏，提高荧光光纤测温传感器在变压器内部（绕组、铁芯、油中）安装固定的成功率。

1. 传感器在绕组上的安装

（1）在不同型式绕组上的安装方法。在线圈整体套装前安装绕组测温传感器，安装完成后用便携式光纤测温仪检查传感器并确保良好。对于饼式绕组和螺旋式绕组，需要在绕组绕制完成后绕组压紧整形之前完成安装；对于层式和箔式绕组，需要在绕组绕制过程中进行安装。在饼（螺旋）式绕组及层（箔）式绕组中的安装效果分别如图 5-29 和图 5-30 所示。

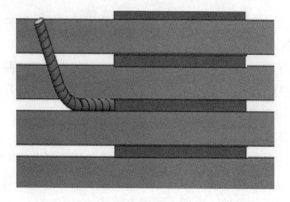

图 5-29　在饼（螺旋）式绕组中的安装效果

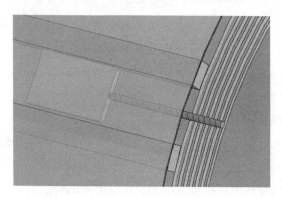

图 5-30　在层（箔）式绕组中的安装效果

　　按照荧光光纤测温传感器不同的出线方式加工不同的绝缘标准件，如图 5-31 所示为适用于饼式绕组和螺旋式绕组的绝缘标准件示意图，如图 5-32 所示为饼式绕组和螺旋式绕组的绝缘标准件尺寸图；如图 5-33 所示为层式绕组和箔式绕组的固定绝缘标准件示意图，如图 5-34 所示为层式绕组和箔式绕组的绝缘标准件尺寸图。

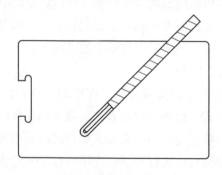

图 5-31　饼（螺旋）式绕组固定绝缘标准件示意图

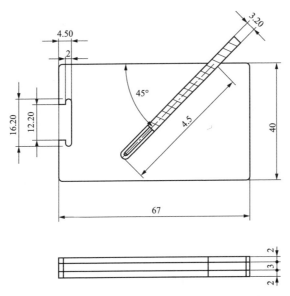

图 5-32　饼（螺旋）式绕组固定绝缘标准件尺寸图

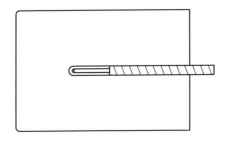

图 5-33　层（箔）式绕组固定绝缘标准件示意图

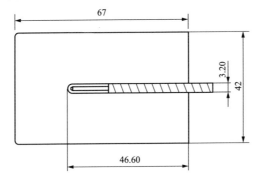

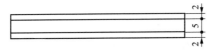

图 5-34　层（箔）式绕组固定绝缘标准件尺寸图

（2）与绝缘标准件的固定方式。荧光光纤测温传感器与绝缘标准件的固定方式采用以下两种方式：

1）胶带固定。距离传感器末端 10mm 处用胶带包裹缠绕传感器一圈，不得遮盖传感器末端，然后将胶带的多余部分粘贴在绝缘垫块上，最后在垫块的上下各粘贴一个 1mm 厚的绝缘纸板（形状与垫块一致）并压紧。

2）绝缘纸带固定。距离传感器末端 10mm 处，用符合变压器要求的黏合剂，用绝缘纸带包裹缠绕传感器一圈，不得遮盖传感器末端，然后将绝缘纸带的多余部分粘贴在绝缘标准件上，绝缘纸带固定方式如图 5-35 所示，绝缘标准件的具体尺寸如图 5-36 所示。

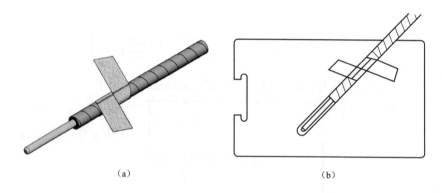

（a）   （b）

图 5-35　绝缘纸带固定方式

（a）绝缘纸带在光纤上固定；（b）绝缘纸带在垫块上固定

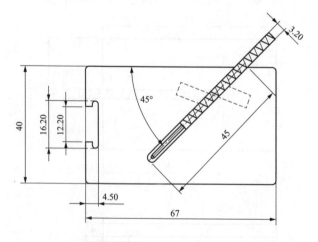

图 5-36　绝缘纸带固定方式绝缘标准件的尺寸图

最后在绝缘标准件的上、下各粘贴一个 1mm 厚的绝缘纸板（形状与标准件一致）并压紧。

3）卡槽固定。此种固定方式要求传感器自带圆形卡扣，绝缘标准件上应配合传感器卡扣加工固定孔，将传感器及卡扣固定在绝缘标准件上，最后在标准件的上、下各粘贴一个 1mm 厚的绝缘纸板（形状与标准件一致）并压紧，卡槽固定方式如图 5-37 所示，绝缘标准块的具体尺寸如图 5-38 所示。

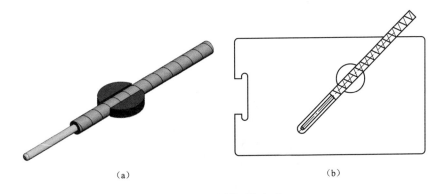

（a）　　　　　　　　　　　　　　　　　　（b）

图 5-37　卡槽固定方式

（a）卡槽在光纤上固定；（b）卡槽在垫块上固定

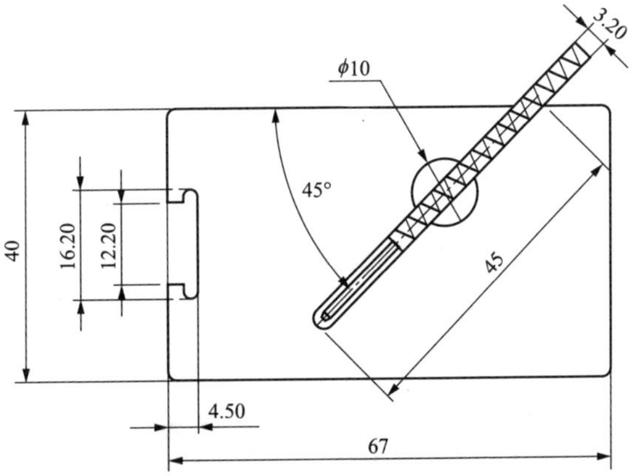

图 5-38　卡槽固定方式的绝缘标准件尺寸图

将待安装光纤测温传感器固定在加工好的绝缘标准件上，传感器固定完成后的整体效果如图 5-39 所示。

（3）带光纤传感器绝缘标准件的安装方法。用已安装光纤测温传感器的绝缘标准件替换待安装位置处的绝缘标准件，替换后应保持与原绝缘标准件一致，然后根据安装图纸要求将光纤引出。采用绝缘标准件安装方式不会对绕组产生任何影响，而且安装和更换光纤测温传感器都非常方便，光纤测温传感器安装完成后的效果如图 5-40 所示。

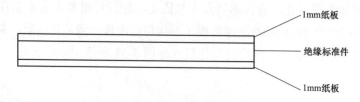

图 5-39　传感器固定后的整体效果

图 5-40　光纤测温传感器安装后的效果

（4）光纤的引出固定方法。光纤从绝缘标准件引出后需要用无纬绑扎带（白布带）或皱纹纸将从绝缘标准件引出光纤固定，固定时应注意光纤弯折角度不宜过小，弯曲半径不宜小于 75mm，光纤引出固定示意图如图 5-41 所示。固定完成后用便携式光纤测温仪检查传感器并确保良好。

图 5-41　光纤引出固定示意图

最后将冗余内部光纤盘好后放入纸袋（如图 5-42 的红色圆圈内）后悬挂在绕组出线端上，盘纤半径不宜小于 75mm。纸袋外侧标识该光纤安装位置（如高压 A 相 1 号等），光纤引出盘好后放入纸袋的整体效果如图 5-42 所示。

图 5-42　光纤引出盘好后放入纸袋的整体效果

2. 传感器在铁芯上的安装

在变压器器身整体装配完成后安装铁芯测温传感器，安装完成后用便携式光纤测温仪检查传感器并确保良好。

（1）按照不同传感器安装方式加工用于固定传感器的绝缘标准件。

（2）在固定有传感器的绝缘标准件安装图纸要求的位置处，用便携式光纤测温仪检查传感器并确保良好。

（3）将冗余内部光纤盘好后放入纸袋后悬挂在夹件上，盘纤半径不宜小于 75mm。纸袋外侧标示该光纤安装位置，如铁芯 A 柱。

3. 传感器在变压器油中的固定安装

在器身装配完成后安装变压器顶部油温度传感器，安装完成后用便携式光纤测温仪检查传感器并确保良好。

（1）按照不同传感器安装方式加工专用绝缘标准件。

（2）将固定有传感器的固定件安装图纸要求的位置处，用便携式光纤测温仪检查传感器并确保良好。

（3）将冗余内部光纤盘好后放入纸袋后悬挂在导线夹上，盘纤半径不宜小于 75mm。纸袋外侧标示该光纤安装位置，如顶部油 1 号。

5.4.2.3　内部光纤固定方法

内部光纤盘绕示意图如图 5-43 所示，光纤测温传感器安装后在器身装配的过程中，将冗长的内部光纤部分盘绕成圈，直径不小于 150mm。内部光纤可以用棉带、皱纹纸在导线夹上固定捆绑，内部光纤在导线夹上的固定如图 5-44 所示。光纤固定位置之间要留有足够的"松弛"空间，以保证变压器内部出现移位或发生错位时，不会使光纤受到拉拽。

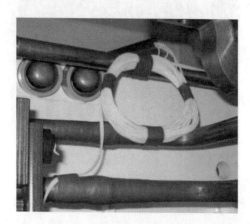

图 5-43　内部光纤盘绕示意图

图 5-44　内部光纤在导线夹上的固定

内部光纤走线固定要求：

在器身干燥前应将各传感器引出光纤按照设计路径进行走线并固定，引至贯通法兰安装位置处，并集中固定。

（1）光纤应沿绝缘导线夹布置并用无纬绑扎带（白布带）或皱纹纸在导线夹上可靠固定。在各个固定点之间留有足够裕度，避免过于紧绷遭受内部拉力而导致损坏。

（2）内部光纤布置应平整、美观。

（3）将冗余光纤分别盘纤并固定于贯通法兰处的导线夹上。

（4）用便携式光纤测温仪检查传感器并确保良好。

完成内部光纤固定后传感器及内部引出光纤随器身入炉干燥。器身整体干燥完成后用便携式光纤测温仪检查各传感器并确保良好。

5.4.2.4　光纤引出方法

目前主要采用法兰盘和贯通器将光纤从变压器内部引出，市面上有两种常规的贯通器，ST 型锥螺纹贯通器和 SMA 型螺纹贯通器。

1. ST 型锥螺纹贯通器

此种贯通器采用 ST 光纤接口，与贯通法兰采用锥形螺纹密封，同时需要涂抹螺纹胶进行紧固密封，ST 型锥螺纹贯通器安装示意图如图 5-45 所示。内部光纤采用陶瓷棒通光，全紧密封。

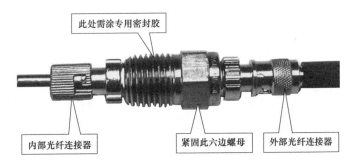

图 5-45　ST 型锥螺纹贯通器安装示意图

此种贯通器的缺点是：通过螺纹密封纹胶安装在贯通法兰上，拆卸较为麻烦；同时螺纹密封胶可能产生非密封住的气泡，存在漏油和进水的风险。

2. SMA 型螺纹贯通器

该贯通器采用 SMA 型光学接口，与贯通法兰采用螺纹紧固安装和 O 形圈挤压密封。内部无光纤陶瓷棒，需要光纤连接器与贯通器二次采用 O 形圈密封，如图 5-46 所示。

此种贯通器解决了贯通器与贯通法兰密封涂抹密封胶会导致渗漏的问题，但是该贯通器也存在缺点，由于内部光纤需要提前安装到变压器线圈上，与变压器线圈一起进行高温干燥，高温干燥工艺会导致光纤连接器上的 O 形圈老化，影响密封性能。

图 5-46　SMA 型螺纹贯通器

ST 型螺纹贯通器结合了以上两种贯通器的优缺点，采用 ST 型光学接口，与贯通法兰采用螺纹紧固安装和 O 形圈挤压密封。内部光纤陶瓷棒通光，全紧密封，如图 5-47 所示。ST 型螺纹贯通器无需螺纹胶，拆卸方便；光纤连接器无 O 形圈，可以与变压器线圈一同做干燥处理。ST 型螺纹贯通器漏油和进水的概率大大降低。

图 5-47　ST 型螺纹贯通器

变压器整体装配完成后、真空注油前将光纤连至贯通法兰，内部光纤与贯通器的连接如图 5-48 所示。

在光纤连接在贯通法兰上后应进行贯通法兰安装，贯通法兰安装后效果图如图 5-49 所示。贯通法兰连接外部光纤，用便携式光纤测温仪检查各通道传感器并确保良好。

光纤连接贯通器及贯通法兰安装要求如下：

变压器整体装配完成后、真空注油前将光纤连至贯通法兰，要求如下：

1）连接前应清洁贯通器及光纤连接头，清洁贯通器应用专用棉签清洁，连接头清洁宜用专用酒精棉布擦拭。如需密封按光纤传感器生产厂家说明书操作。

2）按通道顺序连接内部光纤与贯通器，检查连接器确保连接头卡口卡入卡槽。

3）光纤应留有足够裕度，避免过于紧绷遭受内部拉力而导致损坏。

 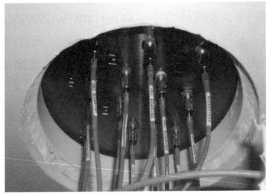

图 5-48　内部光纤与贯通器的连接　　　　图 5-49　贯通法兰安装后效果图

在光纤连接在贯通法兰上后应进行贯通法兰安装，要求如下：

1）检查并确保内部光纤编号与通道号正确对应。

2）贯通法兰安装应确保防护罩出线口与外部光纤走线路径一致。

3）贯通法兰用紧固螺栓固定时应确保密封垫圈安装良好。

4）螺栓应紧固到位，紧固力矩应按照表 5-17 要求。

表 5-17　　　　　　　　　　　　螺 栓 紧 固 力 矩 表

螺纹规格	紧固力矩（N·m）		
	性能等级 5.6	性能等级 8.8	性能等级 10.9
M16	108～127	156～200	199～234
M16×1.5	116～144	168～204	214～252
M20	216～243	312～372	384～439
M20×1.5	240～264	324～384	433～480

贯通法兰连接外部光纤，用便携式光纤测温仪检查各通道传感器并确保良好。真空注油后应检查贯通法兰密封情况，确保密封良好。

5.5 荧光光纤测温技术在变压器中的应用

5.5.1 变压器内部温度实时监控及热点监测

本示例选用某三相一体500kV油浸式变压器作为荧光光纤测温传感器示范应用对象，变压器型号为SFP-1140MVA/500kV。

按照热点位置计算方法找到高低压绕组的热点位置，安装 9 个荧光光纤测温传感器，其中高压绕组 6 个，低压绕组 3 个，光纤传感器埋置位置见表5-18。

表 5-18　　　　　　　　　　　　　　光纤传感器埋置位置

序号	部件名称	数量	编号	测温光纤长度（m）	转接光纤长度（m）	总长（m）
1	高压 A 线圈	2	CH_1，CH_7	12	6	18
2	高压 B 线圈	2	CH_2，CH_8	12	6	18
3	高压 C 线圈	2	CH_3，CH_9	12	6	18
4	低压 A 线圈	1	CH_4	12	6	18
5	低压 B 线圈	1	CH_5	12	6	18
6	低压 C 线圈	1	CH_6	12	6	18

5.5.1.1 荧光光纤传感器绝缘标准件加工

在采用的变压器低压 a、b、c 三绕组各安装 1 个荧光光纤传感器，安装用的低压绕组 3.5mm 绝缘垫块加工图纸如图 5-50 所示，0.5mm 厚绝缘垫块覆盖整个光纤传感器及绝缘标准件，低压绕组 0.5mm 绝缘垫块的加工图纸如图 5-51所示。

在高压 A、B、C 三相绕组安装各安装 2 个荧光光纤传感器，安装用的高压绕组 3.5mm 绝缘垫块加工图纸标准件如图 5-52 所示，0.5mm 绝缘垫块覆盖整个光纤传感器及绝缘标准件，高压绕组 0.5mm 绝缘垫块加工图纸如图 5-53 所示。

根据传感器具体安装位置情况，选择相对应的绝缘标准件，绝缘标准件实物图如图 5-54 所示。变压器绕组的安装位置不同，绝缘标准件的形状大小不同；绝缘标准件要求加工无金属屑，尽量使用没有切割过金属的切刀进行切割，并保证绝缘标准件表面干净、无杂物。

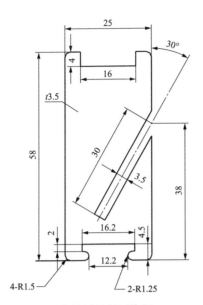

图 5-50　安装用的低压绕组 3.5mm
绝缘垫块加工图纸

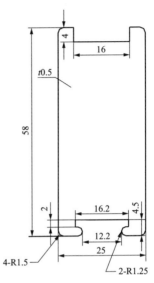

图 5-51　低压绕组 0.5mm
绝缘垫块加工图纸

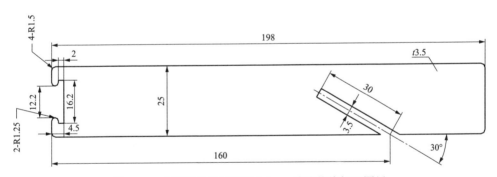

图 5-52　安装用的高压绕组 3.5mm 绝缘垫块加工图纸

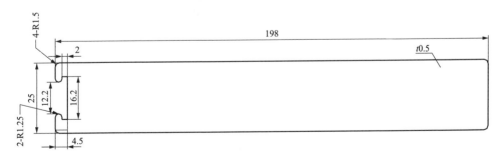

图 5-53　高压绕组 0.5mm 绝缘垫块加工图纸

图 5-54　绝缘标准件实物图

5.5.1.2　荧光光纤传感器安装

1. 光纤传感器的处理

用皱纹纸缠绕光纤传感器部位，长度与绝缘标准件开槽长度一致，缠绕厚度 3～4 圈，以压入绝缘标准件开槽稍紧为宜。缠绕后用少量白乳胶固定皱纹纸。

2. 光纤传感器与绝缘标准件的配合安装

将光纤传感器固定在开孔的绝缘标准件上，用皱纹纸包裹绝缘标准件防止其错位，轻拉光纤确认光纤能够承受一定的纵向拉力。安装完成后的实物如图 5-55 所示。

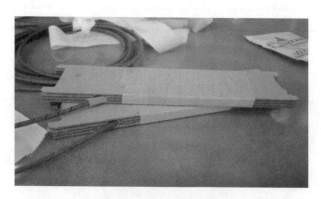

图 5-55　光纤传感器与垫块固定安装后的实物图

3. 安装并测试

用安装好光纤传感器的绝缘标准件替换变压器绕组内原有位置的绝缘垫块。先将旧垫块取出，然后将带光纤传感器的绝缘标准件插入变压器的绕组内，并拔出绕组插销，绕组压紧垫块，安装带传感器的绝缘标准件实物图如图 5-56 所示。光纤测温传感器安装后绕组成品照片如图 5-57 所示。

图 5-56　安装带传感器的绝缘标准件实物图　图 5-57　光纤测温传感器安装后绕组成品照片

4. 光纤传感器现场保护

光纤传感器检测合格后，需要将光纤传感器的防尘帽盖好，并将光纤传感器尾端及光纤放置在纸袋中，挂在线圈的高处，避免变压器的其他工序损伤光纤传感器。并做好编号标记，如图 5-58 所示。

图 5-58　光纤传感器现场保护及标记

5.5.1.3　变压器温升试验

9 个荧光光纤测温传感器安装到 500kV 变压器内部，每个高压绕组 2 个传感器，每个低压绕组 1 个传感器，跟随变压器本体一同进行温升试验。试验之前，将 9 个传感器通过外部光纤与光纤测温主机连接，测温主机上电各通道数据正常之后开始进行温升试验。温升试验采用短路法，增大变压器线圈电流使得线圈发热，风机启动同时内部变压器油进行循环散热。整个温升过程需要在变压器额定电流保持 10h 以上。整个过程线圈温度会快速上升到最大值，由于变压器油的循环散热，线圈的温度会相对比较稳定。

荧光光纤测温传感器在整个温升过程中实时监测并记录温度数据，每 40s 记录一个温度值，500kV 变压器温升试验光纤绕组测温曲线如图 5-59 所示。

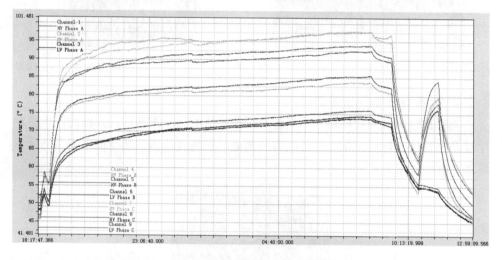

图 5-59　500kV 变压器温升试验光纤绕组测温曲线

整个温升试验温度变化趋势符合前期推测，并且能够实时准确地测量出各个热点的具体温度值，为 500kV 变压器的研究提供可靠的数据来源。荧光光纤温度传感器安装在变压器内部与整个变压器一起试验并顺利通过，验证了荧光光纤测温传感器在变压器内部强电磁场、高温度条件下的安全可靠性，说明了荧光光纤测温传感器及测温系统可以在 500kV 变压器上进行应用和推广。

5.5.2　基于荧光光纤精确测温的模型条件的变压器温度场及热点温度快速计算方法

通过荧光光纤测温结果可建立与变压器绕组实际温度之间的关系，实现对变压器绕组（分布式热源）温度的精确判断。根据使用方法的不同，有三种方案来实现变压器温度场的快速计算：

（1）在基于精确测温边界的有限元和有限体积仿真基础上，结合变压器散热模型，建立变压器热路模型。根据类比模型，热路模型可以跟电路模型进行类比，通过求解微分方程即可得到变压器温度场分布和绕组热点温度。

（2）根据光纤布置位置，考虑到关注点在于绕组温度分布和绕组热点温度，可以将绕组简化为具一定厚度的圆筒，根据光纤测温结果，其圆筒内外壁面的温度已知，所以其流体传热过程可以不再考虑，由此即可建立轴对称的三维传热模型，这一模型求解的难度已降低，可以通过微分方程求解。

（3）以变压器温升试验、运行过程中的测温数据以及有限元法仿真得到的变压器温度分布作为原始数据，组成训练集。组建深度神经网络（Deep Neural Network，DNN），此网络输入变量为变压器运行参数，其输出即为温度场分布及热点温度值。

5.5.3　基于绕组热点温度精确计算的变压器过负荷能力评估及预测

5.5.3.1　过负荷评估预测目的

对于大型油浸式变压器，当发生超额定电流运行时，其漏磁磁密、短路应力以及受高场强作用的绝缘体积都将增加，而准确计算绕组热点温度的难度却更大，因此危险性也就更大，具体包括以下几种可能：

（1）绕组热点温度上升，在高场强区域内（即在绕组和引线处）可能出现气泡使其绝缘强度下降。对于绕组绝缘含水量约为 2% 的变压器，当热点温度超过 140℃时，很可能产生气泡，当水分含量增加时，此温度限值将会降低。

（2）在较高的温度下，变压器的机械特性会出现暂时的劣化，这可能导致变压器短路强度的降低。

（3）套管内部的压力升高可能会出现漏油，从而引起故障，如果绝缘的温度超过 140℃，电容式套管内部也将产生气泡。

（4）储油柜中的油因膨胀可能会溢出。

（5）由于电流大、温度高，分接开关的接触电阻可能增加，在严重的情况下，可能会出现热失控现象。

（6）变压器的密封材料在高温下可能发脆。

（7）导线绝缘机械特性在较高的温度下，热劣化过程将加快，如果劣化到一定程度时，变压器的有效寿命将缩短，若此时遇到系统短路或运行事故，变压器的寿命损失将更加严重。

（8）其他绝缘件，特别使承受轴向压力的绕组压板，老化率在较高温度下也可能加快。

因此，为保证变压器的安全运行，必须对变压器的过负荷能力进行准确评估和预测。

5.5.3.2 过负荷能力评估方法

变压器的额定容量，指铭牌容量是在规定的环境温度下，长期能按这种容量连续运行，并能获得经济合理的效率且具有正常的预期寿命（20～30 年）。实际上变压器的负荷变化很大，不可能固定在额定值运行，在短时间间隔内，有时超出额定容量运行，在另一部分时间间隔内又是欠负荷运行。因此，有必要给出一个短时容许负荷，即变压器的负荷能力，不同于额定容量，变压器的负荷能力系指在短时间内所能输出的功率，在一定条件下，它可能超过额定容量。变压器负荷能力的大小和持续时间决定于变压器的电流和温度不超过规定的限值；在整个运行期间变压器总的绝缘老化不超过正常值，即过负荷时间绝缘老化多一些，在欠负荷期间绝缘老化要少一些，只要二者可以相互补充，总的损失不超过正常值，能达到正常预期寿命即可。

因此，基于负荷预测的过负荷评估算法如下：

首先，基于生成的预测负荷趋势图。

其次，根据当前负荷 K 和目标负荷 K' 利用基于热点温度限值的算法计算出变压器过负荷时间的理论值 t，以此为依据，查询预测负荷趋势中当前负荷 K_1 和当前 t 时间段内平均负荷数据 K_2，并进行比较：

（1）如果负荷没有变化，即 $K_1=K_2$，则基于预测负荷趋势的过负荷时间值为 t，说明变压器过负荷时间等于基于热点温度限值的算法计算值。

（2）如果负荷下降，即 $K_1>K_2$，则基于预测负荷趋势的过负荷时间值 t 将延长，将目标负荷改为 $K'-(K_1-K_2)$，然后根据当前负荷 K 和目标负荷 $K'-(K_1-K_2)$，利用基于热点温度限值的算法更新过负荷时间。

（3）如果负荷上升，即 $K_1<K_2$，则基于预测负荷趋势的过负荷时间值将缩短运行时间，将目标负荷改为 $K'+(K_2-K_1)$，然后根据当前负荷 K 和目标负荷 $K'+(K_2-K_1)$，利用基于热点温度限值的算法更新过负荷时间。

如图 5-60（a）和（b）所示分别是预测负荷和当前负荷示意图，当前负荷为 0.8，过负荷到 1.1 倍的理论极限时间为 t，查看预测负荷趋势 t 时间段内负荷上升率为 0.1，则实际计算负荷为 0.8 到 1.2 的极限时间 t'，因此显示参考历史趋势的 1.1 倍过负荷极限时间为实际变压器 1.2 倍过负荷的极限时间 t'。

5.5.4 变压器冷却系统智能控制

传统冷却控制采用顶层油温、绕组温度（绕组温度计）、负荷设置不同的启动/停止限值来实现分级控制。依据各类变压器典型结构计算结果可知，多数变压器由于设计原因，顶层油温升及热点温升与 IEC 导则规定相比有较大的裕度，为保证变压器冷却系统安全稳定经济运行，通过光纤测温探头实测或者用前述计算方法获得准确的热点温度，以热点温度为主，同时参考顶层油温、负荷电流等多种因素来综合控制变压器冷却系统的运行，基本原则如下。

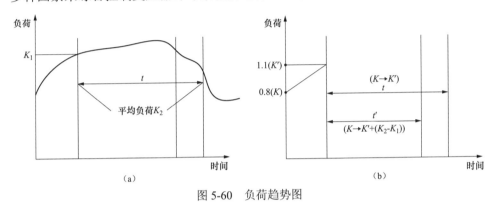

图 5-60　负荷趋势图

(a) 预测负荷；(b) 当前负荷

以热点温度为主，同时辅助于顶层油温、负荷电流及环境温度等多种因素来综合控制对变压器冷却系统。从根本上使变压器绕组热点温度控制在理想范围内，以延长变压器的使用寿命。

对于大容量自然油循环自冷变压器，当变压器负载容量过大时，可加入风冷辅助系统对散热系统进行冷却，由此可降低变压器热点温升，进而提高变压器的冷却效率。

由于高负荷运行时温升高，冷却器风或油进出口温差大，冷却器冷却效率就会更高，此时减少冷却器的投入使得温升升高幅度比低负荷时要大，减少冷却器投入节约实际运行损耗较少。当负荷率比较低时，增加投入冷却器组数，降温效果不明显（温差小影响了冷却器的出力），却大大增加了辅机损耗（实际运行损耗增加的多）。因此在不违反制造厂规定的条件下，可以在环境温度比较低和低负荷率时将部分工作组冷却器置于辅助运行状态，减少不必要的辅机损耗。

在特殊条件下，参考采用铁芯接地电流、重瓦斯（重瓦斯动作时，有可能变压器起火，开启风机会加大火势）等信号控制变压器冷却装置。在满足变压器主绝缘及铁芯温度处于正常的范围内的条件时，实现冷却装置的节能运行。

变压器冷却系统智能控制以热点温度为主要控制依据，辅助于顶层油温度和负荷电流。具体控制流程图如图 5-61 所示。

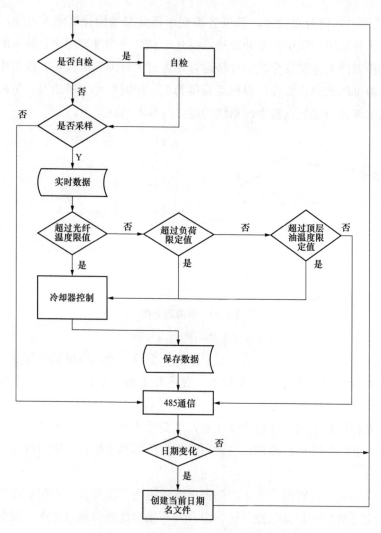

图 5-61　变压器冷却控制流程图

5.6　荧光光纤测温技术在其他电力设备中的应用

5.6.1　荧光光纤测温技术在高压开关柜中的应用

测温监测系统主要承担着开关柜内部触头温度的测量以及温度信息无线通信的任务，因此，系统主要分为温度测量和数据通信两个部分。其中温度测量部分又包括传感电路部分、荧光信号处理部分和数据采集处理部分。整个温度监测系统的硬件结构框图如图 5-62 所示，主要由测温部分微处理器及其外围电路模块、荧光光电转换电路模块、微弱信号放大电路模块、激励光源驱动电路模块、电源模块、数据存储模块和数据通信模块等构成。

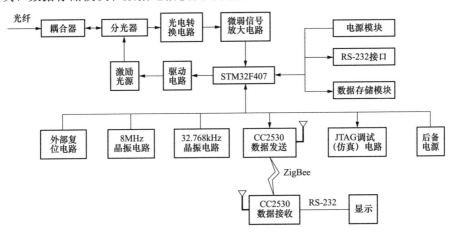

图 5-62 测温系统硬件结构框图

荧光光纤在开关柜中安装示意图如图 5-63 所示，将荧光光纤传感探针 2 安装到开关柜中断路器的静触头后，温度信息通过光纤传到仪表室的温度解调仪 1 中进行光电转化得到相应的温度数据显示在相应的显示仪表上，并通过解调仪对温度进行传输显示等处理，实现远程监控。

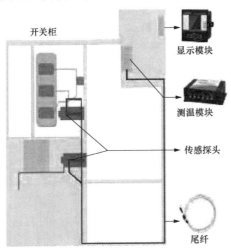

图 5-63 荧光光纤在开关柜中安装示意图

对于荧光光纤在开关柜触头上的安装，开关柜的主要发热点位于静触头和动触头的接合部位，但此部位处于灭弧室的保护之下，里面的空间非常狭小。为了更准确地测到触头发热温度，光纤传感探头的设计尺寸为直径 2.3mm，可以从触头盒后部沿汇流排伸入触头盒内部，并专门针对静触头设计了耐高温、高绝缘的安装卡具，可以将传感探头牢牢地固定在静触头上。用卡箍固定传感器时先将传感器探头固定在传感器固定槽内，然后将卡箍连同传感器探头一起卡到静触头的圆柱体上。安装时把卡箍安装在静触头与汇流排的接合部位，与动触头保持安全距离。在条件允许的情况下也可以在静触头上做相应的凹槽或者打洞，以直接胶接的方式进行安装。

5.6.2　荧光光纤测温技术在水电站励磁系统中的应用

励磁系统作为水电站发电系统中的一部分，控制着发电机的机端电压和励磁电流，对机组的安全、稳定运行有着至关重要的作用。励磁系统功率柜可控硅等功率元件作为励磁系统的主要发热元件，对其的温度测量及实时监控都属于设备安全运行的重要指标之一。

水电站励磁系统采用荧光光纤测温技术，将光纤温度探头直接安装在贴近可控硅极板的位置，从而确保测温探头可以最真实直接地反映可控硅本体的温度，测量值准确，响应速度快。同时由于耐温光纤和延长光纤极强的绝缘性能，保证了在高电压、大电流可控硅整流桥工作时自身的绝缘性能，确保了荧光光纤测温装置的安全稳定运行。荧光光纤测温系统拓扑图如图 5-64 所示。整个电站测温系

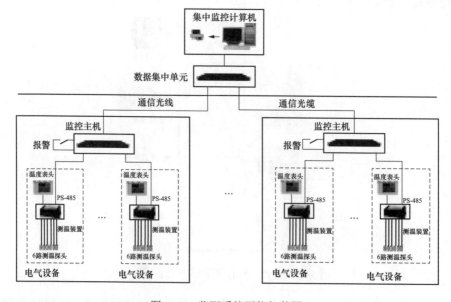

图 5-64　监测系统网络拓扑图

统由 6 台励磁系统的测温装置、各监控主机、数据集中单元、集中监控计算机以及人机交互软件等部分组成。数据集中单元、集中监控计算机一般安装在主控室，方便运行人员对电气设备温度进行在线检测。

5.6.3　荧光光纤测温技术环网柜电缆接头中的应用

电力系统的一次电气设备一般由断路器、变压器、电缆、母线、开关柜等电气设备组成。其相互之间由母线、引线、电缆等连接，由于电流流过产生热量，所以几乎所有的电气故障都会导致故障点温度的变化。例如在发电厂中电缆接头、高压电缆的局部放电、电缆中间连接处，以及环网柜中电缆接头等高压设备连接处，当温度过高时都可能引起大型事故。因此，对环网柜电缆接头的温度运行状况的检测显得尤为重要，只要能掌握环网柜内电缆接头的温度变化，就能及时地发现事故隐患并加以控制。但由于环网柜设置较为分散，而且是全封闭运行的，长期处于高电压、大电流的环境，具有电磁干扰强，温度变化范围大的特点，进行人工巡查需很大的投入，预期效果也很不理想，因而远程在线监测的方式成为保证环网柜运行的重要手段。

荧光光纤测温系统主要由光电信号检测处理和人机交互管理系统两部分组成。光电信号检测处理部分主要完成荧光激发、荧光检测、光信号检测和处理、无线数据上传功能；人机交互管理系统部分主要完成数据接收、显示和储存功能，荧光光纤测温系统框图如图 5-65 所示。

5.6.4　荧光光纤测温技术在电火工品的感应电流监测中的应用

通常对电火工品电磁辐射下的感应电流不采用直接测量而是通过测量电火工品桥丝的温度依据温度与输入电流的关系确定桥丝上的感应电流。传统的对桥丝温度进行测量大多采用热敏电阻和热电偶等，但是由于电磁环境的影响测量电路本身产生的感应电流发热升温会使测量结果有很大的误差，结论的可靠性不高。同时这种方法的另一个缺点是系统的响应时间较慢。荧光光纤温度传感器具有抗电磁干扰、稳定可靠、高精度、高灵敏度、微小尺寸、响应速度快、长寿命、耐腐蚀和适应性好等特点，非常适合电磁环境下的温度测量。因此，研究适用于电火工品感应电流监测的荧光传感系统，从而掌握电火工品中感应电流的大小，了解其变化规律，对评估电火工品所处的电磁环境效应，保障电火工品武器系统的安全性和可靠性具有重大意义。

由电流调节器给电火工品输入直流电，其桥丝温度将升高，并最终达到热平衡，即达到一个最高温度，荧光光纤温度传感器探头将探测到这个温度，改变输入电流大小，便可以得到一对电流—温度变化值。重复上述过程便可以得到一组电流温度变化值，把这组电流温度变化值拟合成一条电流温度变化值平方根曲线。对电火工品进行电磁脉冲危害测试实验时，根据测得的温度变化值在该电火工品的电流温度变化值平方根曲线上找出对应的电流值。桥丝温度测量实验装置示意图如图 5-66 所示。

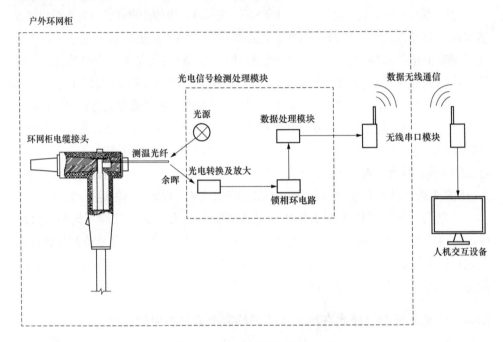

图 5-65　荧光光纤测温系统框图

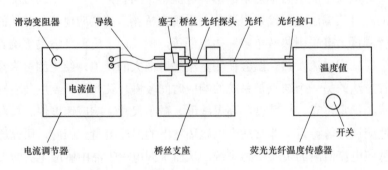

图 5-66　桥丝温度测量实验装置示意图

5.6.5　荧光光纤测温技术在锂电池安全监测中的应用

锂离子电池由于工作电压高、功率密度和能量密度高、循环寿命长、自放电小、无记忆效应、无污染等优点，其应用已经从信息产品扩展到能源交通和国防军事领域，具体应用从移动电话、掌上电脑、笔记本等，到电动汽车、电网调峰、太阳能、风能蓄电站等，军用则涵盖了潜艇、水下机器人、陆军士兵系统、机器战士、无人飞机、卫星、飞船等。但是锂离子电池在应用中潜在的安全温度，尤其是动力用锂离子电池组，已经成为制约其发展的一个瓶颈。锂离子电池具有较高的能量密度，在充放电过程中，伴随着多种化学、电化学反应和物质传输过程，有些反应在开路的情况下仍然进行，这些过程会造成热量的产生，产生的热量不能完全散失到环境中就会引起电池内部热量的积累。如果热量的积累造成电池内部达到高温点，就有可能引发电池的热失控。因此，温度对锂离子电池的各方面性能都有影响，包括电化学系统的工作状况、循环效率、容量、功率、安全性、可靠性、一致性和寿命等。电池的设计，如单体设计、模块设计、热管理系统设计等，对于电池温度都有着重要影响。锂离子电池温度测量是研究锂离子电池温度分布和变化的重要手段，可以辅助电池单体设计、模块设计及热管理系统的设计。

锂电池荧光光纤测温系统由光纤荧光测温系统和锂电池内部测温专用光纤探头部分组成，其组成结构示意图如图 5-67 所示。

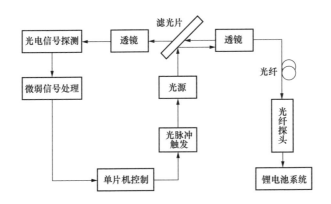

图 5-67　锂电池荧光光纤测温系统的组成结构示意图

控制系统控制激发光源发出一个脉冲光信号，该信号通过滤光片、透镜会聚到光纤内，由光纤传输到温度敏感材料，该荧光材料被传输到的光脉冲信号激发产生了幅度随时间衰减的荧光。这个携带锂电池温度信息的荧光与触发光脉冲信号混合在一起，通过光纤传输，滤光片滤光和透镜会聚，使得携带温度信息的幅度随时间衰减的荧光到达光电探测系统，通过光电信号探测、微弱信号处理、单片机控制系统，进一步运算得出荧光余辉寿命，从而便可得出相应温度值。

　　该系统对锂电池进行温度测量，不仅具有荧光法的灵敏度高、选择性好、动态范围大、简便快速、试样量小等特点，还具有光纤的尺寸小、质量轻、强度大、柔韧性好、温度范围宽、不受电磁干扰等特点。因此，荧光光纤测温系统解决了传统测量方式中存在的缺陷，可以安全有效地实现锂离子电池温度的实时测量。

参 考 文 献

[1] 全国变压器标准化技术委员会. 电力变压器: 第 2 部分 液浸式变压器的温升: GB/T 1094.2—2013 [S]. 北京: 中国标准出版社, 2013.

[2] 全国变压器标准化技术委员会. 电力变压器: 第 7 部分 油浸式电力变压器负载导则: GB/T 1094.7—2008 [S]. 北京: 中国标准出版社, 2008.

[3] Heathcote M. The J&P transformer book [M]. Burlington: Newnes, 2007.

[4] TANG W H, WU H. Condition monitoring and assessment of power transformers using computational intelligence [M]. New York: Springer London, 2011.

[5] Amoiralis E I, Tsili M A, Kladas A G. Transformer design and optimization: a literature survey [J]. IEEE Transactions on Power Delivery, 2009, 24 (4): 1999-2024.

[6] IEEE Std C57.91-2011 IEEE Guide for Loading Mineral-Oil-Immersed Transformers and step-voltage regulators [S]. 2011.

[7] HAN Y, SONG Y H. Condition monitoring techniques for electrical equipment-a literature survey [J]. IEEE Transactions on Power Delivery, 2003, 18 (1): 4-13.

[8] WANG M, VANDERMAAR A J, SRIVASTAVA K D. Review of condition assessment of power transformers in service [J]. IEEE Electrical insulation magazine, 2002, 18 (6): 12-25.

[9] HAN Y, SONG Y H. Condition monitoring techniques for electrical equipment-a literature survey [J]. IEEE Transactions on Power delivery, 2003, 18 (1): 4-13.

[10] IEEE. Std 1538-2000. Guide for determination of maximum winding temperature rise in liquid-filled transformers [S]. 2000.

[11] PIERCE L W. Predicting hottest spot temperatures in ventilated dry type transformer windings [J]. IEEE Transactions on Power Delivery, 1994, 9 (2): 1160-1172.

[12] THADEN M V, MEHTA S P, TULI S C, et al. Temperature rise tests on a forced-oil-air cooled (FOA) (OFAF) core-form transformer, including loading beyond nameplate [J]. IEEE transactions on power delivery, 1995, 10 (2): 913-923.

[13] 常炳国, 刘君华. 监测变压器绕组热点温度智能模糊传感器系统的研究 [J]. 中国电机工程学报, 2000, 20 (8): 14-17.

[14] 江淘莎. 基于底层油温的油浸式变压器热点估计方法研究 [D]. 重庆: 重庆大学, 2009.

[15] KYUMA K, TAI S, SAWADA T, et al. Measurement. IEEE. Quantumet Fiber-optical

Instrument for Temperature Electron，1982，18（4）：676-679.

［16］DE LYON T J，ROTH J A，CHOW D H. Substrate temperature measurement by absorption-edge spectroscopy during molecular beam epitaxy of narrow-band gap semiconductor films ［J］. Journal of Vacuum Science & Technology B：Microelectronics and Nanometer Structures Processing，Measurement，and Phenomena，1997，15（2）：329-336.

［17］HARTL J C，SAASKI E W，MITCHELL G L. Fiber optic temperature sensor using spectral modulation ［C］//Fiber Optic and Laser Sensors V. International Society for Optics and Photonics，1988，838：257-263.

［18］CHRISTENSEN D A. New non-perturbing temperature probe using semiconductor band edge shift ［J］. Journal of Bioengineering，1977，1（5-6）：541-545.

［19］王廷云，罗承沐，申烛. 半导体吸收式光纤温度传感器［J］. 清华大学学报：自然科学版，2001，41（3）：59-61.

［20］MULHERN P J，HUBBARD T，ARNOLD C S，et al. A scanning force microscope with a fiber-optic-interferometer displacement sensor ［J］. Review of scientific instruments，1991，62（5）：1280-1284.

［21］WANG A，MILLER M S，PLANTE A J，et al. Split-spectrum intensity-based optical fiber sensors for measurement of microdisplacement，strain，and pressure［J］. Applied optics，1996，35（15）：2595-2601.

［22］DUHEM O，HENNINOT J F，DOUAY M. Study of in fiber Mach–Zehnder interferometer based on two spaced 3-dB long period gratings surrounded by a refractive index higher than that of silica ［J］. Optics Communications，2000，180（4-6）：255-262.

［23］ZHOU J，WANG Y，LIAO C，et al. Intensity-modulated strain sensor based on fiber in-line Mach–Zehnder interferometer［J］. IEEE Photonics Technology Letters，2013，26（5）：508-511.

［24］王玉田. 光纤传感技术及应用 ［M］. 北京：航空航天大学出版社，2009.

［25］荣强周. 新型高性能光纤传感器研究 ［D］. 西北大学，2015.

［26］耿胜各. 光纤光栅温度传感器中应变与温度交叉敏感问题研究［D］. 南京邮电大学，2017.

［27］孙伟民. 基于荧光光纤光栅的应变与温度同时测试技术 ［D］. 哈尔滨工程大学，2005.

［28］WANG X D，WOLF BEIS O S，MEIER R J. Luminescent probes and sensors for temperature. ［J］ Chemical Society Reviews，2013，42（19）：7834-7869.

［29］GRATTAN K T V，PALMER A W，WILSON C A. A miniaturised microcomputer-based neodymium'decay-time'temperature sensor ［J］. Journal of Physics E：Scientific Instruments，1987，20（10）：1201.

［30］GRATTAN K T V，ZHANG Z Y. Fiber optic fluorescence thermometry ［M］. London：
    Chapman & Hall，1995：1-200.

［31］GRATTAN K T V，SELLI R K，Palmer A W. Fluorescence referencing for fiber-optic
    thermometers using visible wavelengths ［J］. Review of scientific instruments，1988，59 （2）：
    256-259.

［32］GRATTAN K T V，PALMER A W. Infrared fluorescence "decay-time" temperature sensor
    ［J］. Review of scientific instruments，1985，56 （9）：1784-1787.

［33］GHASSEMLOOY Z，GRATTAN K T V，LYNCH D. Probe design aspects of ruby decay-time
    fluorescent sensors ［J］. Review of scientific instruments，1989，60 （1）：87-89.

［34］ZHANG Z，GRATTAN K T V，PALMER A W. Phase-locked detection of fluorescence
    lifetime ［J］. Review of scientific instruments，1993，64 （9）：2531-2540.

［35］JIA D，LIN W，BAI J，et al. Realization of multichannel fluorescent temperature measuring
    system ［C］//International Conference on Sensors and Control Techniques （ICSC 2000）.
    International Society for Optics and Photonics，2000，4077：264-267.

［36］BOL A A，VAN BEEK R，FERWERDA J，et al. Temperature dependence of the luminescence of
    nanocrystalline CdS/Mn2+ ［J］. Journal of Physics and Chemistry of Solids，2003，64 （2）：
    247-252.

［37］KOMANDURI R，HOU Z B. A review of the experimental techniques for the measurement of
    heat and temperatures generated in some manufacturing processes and tribology ［J］. Tribology
    International，2001，34 （10）：653-682.

［38］ISHIDO Y. Alternative Scenario to Prove the Initial Value Problem of Effective Emissivity of
    Semi-infinite Cylindrical Blackbody Cavity by Wiener-Hopf Method ［J］. Journal of Light &
    Visual Environment，2008，32 （1）：27-32.

［39］AIZAWA H，OHISHI N，OGAWA S，et al. Characteristics of sapphire fiber connected with
    ruby sensor head for the fiber-optic thermometer applications ［J］. Sensors and Actuators A：
    Physical，2002，101 （1-2）：42-48.

［40］BRAMBILLA G，KEE H H，PRUNERI V，et al. Optical fibre sensors for earth sciences：
    from basic concepts to optimising glass composition for high temperature applications
    ［J］. Optics and lasers in engineering，2002，37 （2-3）：215-232.

［41］KO H Y，WEN B J，TSA S F，et al. A high-emissivity blackbody with large aperture for
    radiometric calibration at low-temperature ［J］. International Journal of Thermophysics，2009，
    30 （1）：98-104.

［42］MECA F J M，SANCHEZ F J R，SANCHEZ P M. Calculation and optimisation of the maximum uncertainty in infrared temperature measurements taken in conditions of high uncertainty in the emissivity and environment radiation values［J］. Infrared Physics & Technology，2002，43（6）：367-375.

［43］ROSS D，GAITAN M，LOCASCIO L E. Temperature measurement in microfluidic systems using a temperature-dependent fluorescent dye［J］. Analytical chemistry，2001，73（17）：4117-4123.

［44］丁毅，张立儒. 红宝石荧光光纤温度传感器. 第五届全国光纤通信学术会议论文集，1991：558-561.

［45］张立儒，刘洪祥. 电磁波加温热疗用光纤温度传感器的研制［J］. 计量学报，1993，14（1）：21-25.

［46］周金海，汤伟中，屠斌飞. Nd：YAG 单晶光纤荧光温度传感器的信号采集处理器研制［C］. 第二届全国敏感元件传感器学术会议论文集，1991：990-992.

［47］刘英，刘桂雄. 一种红宝石荧光光纤温度传感器的研究［J］. 光学 精密工程，1998，6（1）：18-22.

［48］刘英，刘桂雄，李玩雪，等. 提高红宝石光纤温度传感器性能的方法研究［J］. 光通信技术，1999，23（2）：147-150.

［49］张友俊，汤伟中. 非接触型荧光屏光纤温度传感器［J］. 传感器技术，1999，18（3）：45-46.

［50］叶林华，沈忠平，赵渭忠，等. 基于荧光衰减测量的蓝宝石光纤温度计［J］. 光电子. 激光，2002，13（8）：773-776.

［51］胡红利，张晓鹏，徐通模，等. 用荧光光纤温度传感器测试 X 射线探伤机高压包热场分布［J］. 高压电器，2001，37（3）：26-28.

［52］倪桂全. 基于荧光效应的光纤传感技术的研究［D］. 山东大学，2017.

［53］索毅. 基于荧光强度的光纤测温系统［D］. 浙江大学，2017.

［54］武鹏飞. 大量程超高温光纤温度传感器技术研究［D］. 南昌航空大学，2013.

［55］刘兰书. 高精度荧光光纤温度传感器及其应用技术研究［D］. 中国科学院研究生院（西安光学精密机械研究所），2011.

［56］胡俏丽. 基于荧光机理的光纤温度测量系统的研究［D］. 燕山大学，2010.

［57］耿丽琨. 荧光寿命光纤测温系统及其信号处理的研究［D］. 燕山大学，2006.

［58］侯俊芳，裴丽，李卓轩，等. 光纤传感技术的研究进展及应用［J］. 光电技术应用，2012，27（1）：49-53.

［59］YE F，WU C，JIN Y，et al. Ratiometric temperature sensing with semiconducting polymer dots [J]. Journal of the American Chemical Society，2011，133（21）：8146-8149.

［60］DONNER J S，THOMPSON S A，KREUZER M P，et al. Mapping intracellular temperature using green fluorescent protein [J]. Nano letters，2012，12（4）：2107-2111.

［61］MICHLER P. Single semiconductor quantum dots [M]. Berlin：Springer，2009.

［62］ZHAO F，KIM J. Optical Fiber Temperature Sensor Utilizing Alloyed Zn x Cd1- x S Quantum Dots [J]. Journal of Nanoscience and Nanotechnology，2014，14（8）：6008-6011.

［63］YIN X，WANG W，YU Y，et al. Temperature sensor based on quantum dots solution encapsulated in photonic crystal fiber [J]. IEEE Sensors Journal，2014，15（5）：2810-2813.

［64］KAWASAKI H，HAMAGUCHI K，OSAKA I，et al. ph-Dependent synthesis of pepsin-mediated gold nanoclusters with blue green and red fluorescent emission [J]. Advanced Functional Materials，2011，21（18）：3508-3515.

［65］RICHARDS C I，CHOI S，HSIANG J C，et al. Oligonucleotide-stabilized Ag nanocluster fluorophores [J]. Journal of the American Chemical Society，2008，130（15）：5038-5039.

［66］AUZEL F. Up-conversions in RE-doped Solids [M] //Spectroscopic properties of rare earths in optical materials. Springer，Berlin，Heidelberg，2005：266-319.

［67］JIANG G，WEI X，CHEN Y，et al. Luminescent La2O2S：Eu3+ nanoparticles as non-contact optical temperature sensor in physiological temperature range [J]. Materials Letters，2015，143：98-100.

［68］ZHANG Z，GRATTAN K T V，Palmer A W. Fiber optic temperature sensor based on the cross referencing between blackbody radiation and fluorescence lifetime [J]. Review of scientific Instruments，1992，63（5）：3177-3181.

［69］SMITH T V，SMITH B. Fiber optic temperature sensor using a Y2O2S：Eu thermographic phosphor [C] //Fiber Optic and Laser Sensors XI. International Society for Optics and Photonics，1994，2070：456-463.

［70］ANGHEL F，ILIESCU C，GRATTAN K T V，et al. Fluorescent-based lifetime measurement thermometer for use at subroom temperatures（200－300 K）[J]. Review of scientific instruments，1995，66（3）：2611-2614.

［71］BABNIK A，KOBE A，KUZMAN D，et al. Improved probe geometry for fluorescence-based fibre-optic temperature sensor[J]. Sensors and Actuators A：Physical，1996，57（3）：203-207.

［72］SUN T，ZHANG Z Y，GRATTAN K T V，et al. Temperature dependence of the fluorescence lifetime in Pr 3+：ZBLAN glass for fiber optic thermometry [J]. Review of scientific instruments，1997，68（9）：3447-3451.

［73］ZHANG Z Y，GRATTAN K T V，PALMER A W，et al. Characteristics of a high-temperature fibre-optic sensor probe［J］. Sensors and Actuators A：Physical，1998，64（3）：231-236.

［74］刘英，刘桂雄. 一种红宝石荧光光纤温度传感器的研究［J］. 光学 精密工程，1998，6（1）.

［75］沈永行. 从室温到 1800℃ 全程测温的蓝宝石单晶光纤温度传感器［J］. 光学学报，2000，20（1）：83-87.

［76］王冬生，王桂梅，王玉田，等. 基于稀土荧光材料的光纤温度传感器［J］. 仪器仪表学报，2007（S1）：123-127.

［77］关晓平. 一种新型的荧光光纤温度测量系统［J］. 传感器技术，2001，20（4）：20-22.

［78］武金玲. 基于小波变换技术的荧光光纤温度传感器研究［J］. 光子学报，2009，38（5）：1149.

［79］柏海鹰，王济民. 基于新型稀土发光材料的荧光光纤温度传感器系统［J］. 传感技术学报，2004，17（4）：660-662.

［80］包玉龙，赵志，傅永军. 基于稀土掺杂光纤荧光强度比的温度传感［J］. 光纤与电缆及其应用技术，2010（5）：1-4.

［81］徐钰山. 荧光寿命型光纤温度传感器的性能与实验研究［D］. 武汉理工大学，2013.

［82］BRAVO J，GOICOECHEA J，CORRES J Ú M，et al. Encapsulated quantum dot nanofilms inside hollow core optical fibers for temperature measurement［J］. IEEE Sensors Journal，2008，8（7）：1368-1374.

［83］GRATTAN K T V，ZHANG Z Y. Fiber Optic Fluorescence Thermometry［M］. Springer，Berlin，I 970.

［84］WANG B C，LI C R，Dong B，et al. Application to temperature sensor based on near-infrared emissions of Nd3+：Er3+：Yb3+ codoped Al2O3［J］. Optical Engineering，2009，48（10）：104401.

［85］杜新超，贺正权，林霄，等. 基于荧光强度比值法可用于现场测量的低成本聚合物光纤温度传感器［J］. 光子学报，2015，44（4）：406003.

［86］SHOLES R R，SMALL J G. Fluorescent decay thermometer with biological applications ［J］. Review of Scientific Instruments，1980，51（7）：882-884.

［87］WICKERSHEIM K A，SUN M H. Fiberoptic thermometry and its applications［J］. Journal of Microwave Power and Electromagnetic Energy，1987，22（2）：85-94.

［88］AUGOUSTI A T，GRATTAN K T V，PALMER A W. Visible-LED pumped fiber-optic temperature sensor［J］. IEEE transactions on instrumentation and measurement，1988，37

190

（3）：470-472.

[89] COLLINS S F, BAXTER G W, WADE S A, et al. Comparison of fluorescence-based temperature sensor schemes: theoretical analysis and experimental validation [J]. Journal of applied physics, 1998, 84（9）: 4649-4654.

[90] ZHANG Z Y, GRATTAN K T V, MEGGITT B T. Thulium-doped fiber optic decay-time temperature sensors: Characterization of high temperature performance [J]. Review of Scientific Instruments, 2000, 71（4）: 1614-1620.

[91] MITCHELL I R, FARRELL P M, BAXTER G W, et al. Analysis of dopant concentration effects in praseodymium-based fluorescent fiber optic temperature sensors [J]. Review of Scientific Instruments, 2000, 71（1）: 100-103.

[92] FERNICOLA V C, ROSSO L, GALLEANO R, et al. Investigations on exponential lifetime measurements for fluorescence thermometry [J]. Review of Scientific Instruments, 2000, 71（7）: 2938-2943.

[93] Principles of fluorescence spectroscopy [M]. Springer Science & Business Media, 2013.

[94] Thermal nanosystems and nanomaterials [M]. Springer Science & Business Media, 2009.

[95] WANG Y T, BO X X, ZHAO J. Optical fiber temperature measurement technique based on fluorescence mechanism [C]//Applied Mechanics and Materials. Trans Tech Publications Ltd, 2011, 44: 854-858.

[96] LINHJELL D, GAFVERT U, LUNDGAARD L E. Dielectric response of oil-impregnated paper insulation: variation with humidity and ageing level [power transformer applications [C]. The 17th Annual Meeting of the IEEE Lasers and Electro-Optics Society. LEOS 2004. IEEE, 2004: 262-266.

[97] LUNDGAARD L E, HANSEN W, LINHJELL D, et al. Aging of oil-impregnated paper in power transformers [J]. IEEE Transactions on power delivery, 2004, 19（01）: 230-239.

[98] TENBOHLEN S, KOCH M. Aging performance and moisture solubility of vegetable oils for power transformers [J]. IEEE Transactions on Power Delivery, 2010, 25（02）: 825-830.

[99] LELEKAKIS N, WIJAYA J, MARTIN D, et al. The effect of acid accumulation in power-transformer oil on the aging rate of paper insulation [J]. IEEE Electrical Insulation Magazine, 2014, 30（03）: 19-26.

[100] BROWN K, BROWN A W, COLPITTS B G. Characterization of optical fibers for optimization of a Brillouin scattering based fiber optic sensor [J]. Optical Fiber Technology, 2005, 11（2）: 131-145.

［101］ANSI/IEEE，Std 930-1987 IEEE guide for the statistical analysis of electrical insulation voltage endurance data［S］.

［102］MONTANARI G C. Aging phenomenology and modeling［J］. IEEE Transactions on Electrical Insulation，1993，28（05）：755-776.

［103］TANG L C. Analysis of step-stress accelerated–life-test data：a new approach［J］. IEEE Transactions on Reliability，1996，45（01）：69-74.

［104］LAUGHARI J R. A short method of estimating lifetime of polypropylenes film using step-stress tests［J］. IEEE Transactions on Electrical Insulation，1990，25（06）：1180-1182.

［105］KHACHEN W，LAGHARI J R. Estimating lifetime of PP，PI and PVDF under artificial void conditions using step-stress tests［J］. IEEE Transactions on Electrical Insulation，1992，27（05）：1022-1025.

［106］IE Commission. Electrical Strength of insulating materials Test methods Part 1：Tests at power frequencies［S］. IEC IEC 60243-1，2013.

［107］MONTANARI G C. PD source recognition by weibull processing of pulse height distributions［J］. IEEE Transactions on Dielectrics and Electrical Insulation，2000，7（01）：48-58.

［108］FABIANI D. Discussion on application of the weibull distribution to electrical breakdown of insulating materials［J］. IEEE Transactions on Dielectrics and Electrical Insulation，2005，12（01）：11-16.

［109］李晓虎，李剑，孙才新，等. 植物油-纸绝缘的电老化寿命试验研究［J］. 中国电机工程学报，2007（09）：18-22.

［110］简玉霞. 开关柜触点温度监测技术研究［D］. 沈阳工业大学，2016.

［111］洪卫栋. 荧光光纤测温火灾监控系统在高压开关柜中的应用［J］. 武警学院学报，2016，32（06）：20-22.

［112］翟盼盼. 基于荧光测温的开关柜触头无线监测系统［D］. 沈阳工业大学，2018.

［113］周勇. 光纤测温技术在沙坪电站励磁系统中的应用［J］. 水电站机电技术，2019，42（05）：54-55+59.

［114］苏春园. 环网柜电缆接头温度的荧光光纤检测方法应用研究［D］. 天津大学，2017.